行動衛星通訊

林進豐 編著

Mobile
Satellite
Communication

五南圖書出版公司 印行

序

　　《行動衛星通訊》一書是由教育部補助國立臺灣海洋大學教學卓越計畫，海洋特色教科書系列中的一本。主要針對行動衛星通訊領域進行編撰之教科書。行動通訊產業正蓬勃發展，坊間有相當多的行動通訊書籍在介紹先進的地面蜂巢式行動通訊技術，但對於與之搭配的行動衛星通訊領域則未加以介紹。然而對於海洋、山區、偏遠地區、叢林、沙漠等地區及天空上的航空器，明顯地，地面上的蜂巢式行動通訊系統對這些通訊環境而言並不適合；另一方面，隨著人類環保意識的抬頭，地面上的蜂巢式行動通訊系統基地臺之建置也愈來愈困難，因此行動衛星通訊扮演的角色也就日漸重要。

　　本教科書從第一章開始敘述地面蜂巢式行動通訊系統的演進，第二章描述與其搭配的行動衛星通訊系統，諸如銥計畫與全球通。第三章和第四章則分別描述在無線通訊設計中最重要的通訊通道與行動衛星通道之通道特徵。第五章則介紹影響到系統效能之鏈結分析、通道編碼機制和多工技術。第六章則介紹第三代行動通訊系統寬頻分碼進接多工技術的技術特徵，第七章則著重於第三代行動通訊系統寬頻分碼進接多工技術衛星版的技術特徵，第八章和第九章則分別描述地面蜂巢式行動通訊系統與行動衛星通訊系統之核心網路架構。第十章則介紹下一世代高速行動衛星網路。

　　本教科書除了感謝教育部補助國立臺灣海洋大學教學卓越計畫外，更感謝聖約翰科技大學電腦與通訊工程系呂福生教授之審稿與建議。

林進豐
謹識

目　　錄

第一章　→ 蜂巢式行動通訊系統演進　001

第一節　→蜂巢概念　002

第二節　→第一代行動通訊系統　005

第三節　→第二代行動通訊系統　006

第四節　→第三代行動通訊系統　014

參考文獻　016

第二章　→ 行動衛星通訊系統演進　017

第一節　→同步衛星系統　021

第二節　→極小低軌道衛星系統　026

第三節　→行動衛星通訊網路　027

參考文獻　033

第三章　→ 通訊通道　035

第一節　→傳輸失真（Transmission Loss）　036

第二節　→無線電波傳遞的原理與特性　037

第三節　→個人通訊系統設計　047

參考文獻　050

第四章　→ 行動衛星通道　053

第一節　→陸地行動衛星通道　055

第二節　→航海行動衛星通道　059

第三節 →Ka 頻帶降雨量衰減效應　061
參考文獻　065

第五章　→ 無線鏈路設計　067
第一節 →鏈結分析　069
第二節 →通道編碼機制　072
第三節 →多使用者通訊技術　093
參考文獻　096

第六章　→ 寬頻分碼進接多工技術　097
第一節 →展頻攪亂與複數調變　098
第二節 →CRC 錯誤偵測/錯誤控制機制　107
第三節 →WCDMA 系統的形塑濾波器　112
第四節 →功率控制、傳輸多集與交遞　113
第五節 →實體通道與傳輸通道　120
參考文獻　126

第七章　→ 衛星寬頻分碼進接多工技術　129
第一節 →衛星寬頻分碼進接系統概述　131
第二節 →行動衛星低軌道／中軌道寬頻分碼進接多工系統規格與
　　　　　地面寬頻分碼進接多工系統規格之比較　133
參考文獻　137

第八章　→ 蜂巢式行動通訊系統網路架構　141
第一節 →GSM 網路　142
第二節 →GPRS 核心網路　146
第三節 →WCDMA 核心網路　150

參考文獻　156

第九章　　→ 衛星網路架構　159

第一節　→鋱計畫行動衛星網路　160
第二節　→ETSI 同步衛星行動無線介面規格　161
第三節　→全球通行動衛星網路　166
第四節　→衛星無線界面和無線資源管理策略　166
參考文獻　169

第十章　　→ 下一世代行動衛星通訊系統　171

第一節　→實體層技術　173
第二節　→未來衛星系統：架構、服務品質參數、資源管理和跨階層設計（Cross-Layer design）　176
參考文獻　181

圖目錄

圖 1.1　蜂巢形狀 ···································· 3

圖 1.2　$N = 7$ 的蜂巢集 ····························· 3

圖 1.3　GSM 全速率 RPE-LPE 語音編碼訊號傳輸架構 ···· 7

圖 1.4　GSM 系統多框架結構 ························· 8

圖 1.5(甲)　D-AMPS 框架結構 ····················· 9

圖 1.5(乙)　下鏈路 D-AMPS 時槽結構 ·············· 9

圖 1.5(丙)　上鏈路 D-AMPS 時槽結構 ·············· 9

圖 1.6　D-AMPS 的 VSELP 語音編碼訊號傳輸架構 ····· 10

圖 1.7　IS-95 系統下鏈路傳輸架構 ·················· 11

圖 1.8　IS-95 系統上傳鏈路傳輸架構 ················ 12

圖 2.1　行動衛星網路架構圖 ························· 19

圖 2.2　早期行動衛星網路傳輸架構 ·················· 21

圖 2.3　現階段行動衛星網路傳輸架構 ················ 19

圖 2.4　EUTELTRACS 衛星通訊系統網路架構 ········· 23

圖 2.5　戶外行動衛星通訊服務[16] ··················· 24

圖 2.6　THURAYA 行動衛星通訊通訊系統涵蓋範圍[16] ·· 25

圖 2.7　Thuraya 衛星模組/GSM 模組雙模組行動電話[16] ·· 25

圖 2.8　ORBCOMM 極小低軌道衛星系統網路架構 ····· 28

圖 2.9　銥計畫衛星分布圖 ··························· 29

圖 2.10　銥計畫分時多工時間框架圖 ················· 29

圖 2.11　銥計畫分頻多工技術通訊頻帶配置 ··········· 30

圖 2.12　GLOBALSTAR 系統下鏈路傳輸架構 ········· 31

圖 2.13　GLOBALSTAR 系統上鏈路傳輸架構 ········· 32

圖 3.1　直接波 ···································· 38

圖 3.2　大範圍傳遞模型 ····························· 39

圖 3.3　大範圍傳遞模型結合小範圍傳遞模型 ·········· 39

圖 3.4　繞射現象 ·································· 41

圖 3.5　散射現象 ·································· 42

圖 3.6　反射現象 ·································· 42

圖 3.7　通道的脈衝響應 ・・・・・・・・・・・・・・・・・・・・・・・・・・・ 45

圖 3.8　都卜勒效應 ・・・・・・・・・・・・・・・・・・・・・・・・・・・・・・ 46

圖 4.1　行動衛星網路基本傳輸架構 ・・・・・・・・・・・・・・・・・・・・・ 54

圖 4.2　樹木屏蔽現象所造成的衛星信號衰減量 ・・・・・・・・・・・・・・・ 56

圖 5.10　編碼器狀態圖 ・・・・・・・・・・・・・・・・・・・・・・・・・・・ 89

圖 5.11　(2, 1, 3)的摺疊碼編碼器格狀圖 ・・・・・・・・・・・・・・・・・・ 90

圖 5.12　渦輪碼編碼器 ・・・・・・・・・・・・・・・・・・・・・・・・・・・ 92

圖 5.13　為(2, 1, K) 遞迴系統旋積碼（RSC）編碼器 ・・・・・・・・・・・・ 92

圖 5.14　渦輪碼解碼器 ・・・・・・・・・・・・・・・・・・・・・・・・・・・ 92

圖 5.15　分頻多工技術原理 [8] ・・・・・・・・・・・・・・・・・・・・・・・ 93

圖 5.16　分時多工技術原理 [8] ・・・・・・・・・・・・・・・・・・・・・・・ 95

圖 5.17　分碼進接多工原理[8] ・・・・・・・・・・・・・・・・・・・・・・・ 95

圖 5.1　行動衛星系統通訊鏈結 ・・・・・・・・・・・・・・・・・・・・・・・ 68

圖 5.2　3dB 波束寬特徵 ・・・・・・・・・・・・・・・・・・・・・・・・・・ 70

圖 5.3　典型接收機射頻架構 ・・・・・・・・・・・・・・・・・・・・・・・・ 71

圖 5.4　一般循環冗碼檢查錯誤偵測技術移位暫存器實現結構 ・・・・・・・・ 77

圖 5.5　多項式的移位暫存器除法電路 ・・・・・・・・・・・・・・・・・・・ 78

圖 5.6　滑動視窗自動重傳要求機制架構說明 ・・・・・・・・・・・・・・・・ 79

圖 5.7　Go-back-N ARQ 傳送協定資料單元流程 ・・・・・・・・・・・・・・ 81

圖 5.8　循環碼編碼器架構圖 ・・・・・・・・・・・・・・・・・・・・・・・・ 86

圖 5.9　(2, 1, 3)的摺疊碼架構圖 ・・・・・・・・・・・・・・・・・・・・・・ 88

圖 6.10　專用實體通道的訊框及時槽的結構圖 ・・・・・・・・・・・・・・・ 122

圖 6.11　傳輸通道和實體通道間的映射關係 ・・・・・・・・・・・・・・・・ 125

圖 6.1　OVSF 碼系圖 [10] ・・・・・・・・・・・・・・・・・・・・・・・・・ 99

圖 6.2　下傳鏈路擾亂碼產生器[10] ・・・・・・・・・・・・・・・・・・・・ 101

圖 6.3　上傳鏈路長擾亂碼產生器[10] ・・・・・・・・・・・・・・・・・・・ 102

圖 6.4　上傳鏈路短擾亂碼產生器[10] ・・・・・・・・・・・・・・・・・・・ 103

圖 6.5　主／副同步碼在同步通道中的配置情形 ・・・・・・・・・・・・・・ 104

圖 6.6　WCDMA 系統上傳鏈路複數展頻／擾亂／調變區塊圖 ・・・・・・・ 106

圖 6.7　(a)(b)1/2 和 1/3 摺疊碼[9] ・・・・・・・・・・・・・・・・・・・・・ 108

圖 6.8　1/3 的渦輪碼[9] ・・・・・・・・・・・・・・・・・・・・・・・・・・ 108

圖 6.9　WCDMA 系統的形塑濾波器脈衝響應 ・・・・・・・・・・・・・・・ 113

圖 7.1　衛星多樣性架構圖 ・・・・・・・・・・・・・・・・・・・・・・・・ 132

圖 7.2　主要共同控制實體通道架構 ················· 135

圖 7.3　下傳鏈路專用實體資料通道和專用實體控制通道的架構圖 ···· 136

圖 7.4　下傳鏈路專用實體資料通道和專用實體控制通道調變方式 ···· 136

圖 7.5　上傳鏈路專用實體資料通道和專用實體控制通道的架構圖 ···· 137

圖 7.6　上傳鏈路專用實體資料通道和專用實體控制通道調變方式 ···· 137

圖 8.1　GSM 核心網路架構 ················· 142

圖 8.2　GSM 網路架構 ··················· 145

圖 8.3　GPRS 核心網路 ·················· 147

圖 8.4　GPRS 傳輸協定平臺 ················ 149

圖 8.5　Gr、Gf 和 Gd 界面之間的信令協定平臺 ········· 149

圖 8.6　Gs 界面 ······················ 150

圖 8.7　WCDMA R99 通訊模組 ··············· 151

圖 8.8　WCDMA R99 網路架構 ·············· 152

圖 8.9　WCDMA R4 網路架構 ············· 155

圖 9.1　銥計畫系統簡介 ················· 161

圖 9.2　銥計畫系統控制架構圖 ··············· 161

圖 9.3　地面閘道器（Gateways）連結銥計畫系統和公眾交換電話網路 162

圖 9.4　GMR 系統的函數界面 ················ 163

圖 9.5　地面網路朝向衛星網路移動交遞策略 ··········· 165

圖 9.6　衛星至地面網路的交遞策略 ·············· 165

圖 9.7　全球通閘道器架構圖 ················ 167

圖 9.8　全球通世界廣域網路 ················ 168

圖 9.9　衛星系統和封包式地面 UMTS 系統整合架構圖 ······ 168

圖 10.1　為衛星多樣性架構圖 ··············· 176

圖 10.2　衛星和地面系統連結情形 ·············· 178

圖 10.3　交越層次設計最佳化架構圖 ············· 180

表目錄

表 2.2　海事衛星通訊系統涵蓋範圍 ······························ 22

表 2.1　各衛星頻帶操作範圍 ··································· 20

表 2.3　極小低軌道衛星系統操作頻帶配置 ······················ 27

表 3.1　第三代寬頻分碼進接多工系統的通道特徵參數 ·············· 49

表 4.1　Ka 頻段 k_H、k_v、α_H 和 α_V 參數 [6] ···················· 63

表 5.1　長度以內的 BCH 碼參數 ······························ 87

表 5.2　BCH 碼產生多項式 ································· 87

表 6.1　最小質數 p ······································ 109

表 6.2　列的排列組合 ····································· 110

表 6.3　矩陣行向量的轉置 ·································· 111

表 7.1　地面 IMT-2000 和衛星 IMT-2000 行動通訊系統的通訊環境 ···· 130

表 7.2　行動衛星低軌道／中軌道寬頻分碼進接多工系統的邏輯通道與
　　　　實體通道間的映射情形 ······························ 134

表 10.1　寬頻行動衛星系統 ································· 177

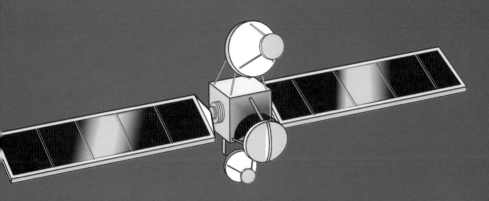

第一章
蜂巢式行動通訊
系統演進

蜂巢式行動通訊系統（Cellular Mobile Communication System）目前已被社會大眾所廣泛使用，行動通訊產業正蓬勃發展當中。蜂巢式行動通訊系統起源於 1947 年貝爾實驗室（Bell Laboratories）所提出的**蜂巢（cellular）概念** [2]，並於 1980 年開始商業化，後來發展成 AMPS（advanced mobile phone service）系統，亦即 1980 到 1990 年間所發展的第一代蜂巢式行動通訊系統，屬於類比技術層次，主要提供語音通訊服務。隨著數位技術的逐漸成熟，使用數位技術的第二代蜂巢式行動通訊系統開始成形，除了提供數位語音通訊服務外，同時提供低傳輸速率的數位資料服務——簡訊服務，並具有國際漫遊（Roaming）的功能。此階段以**歐洲電信標準協會**（Europe Telecommunications Standard Institute, ETSI）所發展的 GSM 系統和 AMPS 的數位進階系統 D-AMPS 為主。隨著通訊技術的日新月異，所發展的系統傳輸速率愈來愈快，通訊品質愈來愈穩定，應用也愈來愈多樣化，此時發展出以無線多媒體通訊為應用目標的第三代蜂巢式行動通訊網路，其系統傳輸速率可高達 2 Mbps。而目前的研究議題，則對應用層面更廣、傳輸速率更快的第四代蜂巢式行動通訊系統有著相當大的興趣，在某些通訊良好的環境下，其傳輸速率可高達 155 Mbps。

第一節　蜂巢概念

基地臺所傳輸的無線電波會隨著距離的增加而遞減接收信號強度，因此每個基地臺所服務的範圍將受到限制，如圖 1.1 所示，其服務範圍為半徑 R。我們可以將系統的通訊範圍，劃分成數個基地臺。在固定通訊範圍的區域內，基地臺建置的數目愈多，系統通訊容量愈大，通訊品質愈佳，當然所建置的成本也就愈高。因此我們在建置系統前，必須對基地臺的數目進行規劃，在規劃的過程中，雖然無線電波的覆蓋範圍為圓形，但經由研究文獻顯示使用六角形來進行分析，結果較使用圓形分析更為精確，因此一般基地臺所傳輸的無線電波覆蓋範圍以六角形描述之。同時數個基地臺所組成的系統通訊範圍如圖 1.2 所示，其形狀和蜂巢近似，因此地面上行動通訊系統，俗稱蜂巢式行動通訊系統。

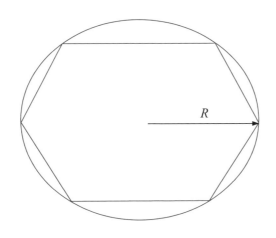

圖 1.1　蜂巢形狀

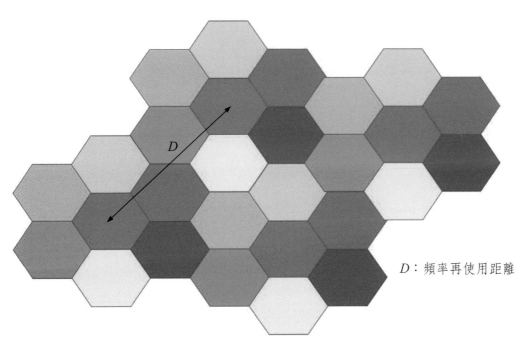

D：頻率再使用距離

圖 1.2　$N=7$ 的蜂巢集

　　無線頻譜是一個珍貴且有限的資源，而系統的通訊容量與傳輸速率則受限於系統頻寬，對於可獲得的系統頻寬進行最有效率的運用，將是一重要議題。

當相鄰的基地臺使用相同的頻段通訊時，兩個基地臺所傳輸的信號彼此會互相干擾，造成通訊品質的下降，嚴重時將造成兩個通訊鏈結均無法進行，此現象即是著名的**同通道干擾效應**（co-channel interference）。但是無線電波的傳遞會隨著距離的增加造成信號強度遞減，因此當兩個基地臺隔得夠遠，所傳輸的信號彼此干擾量應該可以很小，意即只要兩基地臺距離夠遠，則使用相同的頻段通訊是可行的，這就是所謂的**頻率再使用**（frequency re-use）。接下來所要探討的問題是如何分析使用相同頻段通訊的兩個基地臺所間隔的距離。我們定義使用不同頻段通訊的 N 個基地臺為一蜂巢集，換言之，在一個蜂巢集中的 N 個基地臺均使用不同頻段通訊，這裡 $i, j = 0, 1, 2, 3$。N 又稱為頻率再使用因子。圖 1.2 顯示一個 $N = 7$ 的蜂巢集。整個系統頻寬將被分割成 N 等份，均勻配置給蜂巢集中的 N 個基地臺。在整個系統頻寬固定的考量下，當蜂巢集的基地臺數目減少，則每個基地臺所配置的傳輸頻寬增加，系統容量增加但頻率再使用的距離縮短，同通道干擾效應增大。頻率再使用的距離可以藉由方程式（1.2）計算而得。

$$N = i^2 + ij + j^2 \qquad (1.1)$$

$$\frac{D}{R} = \sqrt{3N} \qquad (1.2)$$

D：平均頻率再使用的距離

R：蜂巢半徑

N：蜂巢集的基地臺數目

假設接收信號強度會隨著距離 γ 次方遞減，基地臺的傳輸功率均為 P，行動端位於蜂巢邊緣，頻率再使用因子為 7，則行動端所接收的信號功率為

$$C \propto P \frac{1}{R^\gamma} \qquad (1.3)$$

同通道干擾功率為

$$I \propto 6P\frac{1}{D^\gamma} \tag{1.4}$$

則訊號對同通道干擾功率比為

$$\frac{C}{I} = \frac{\dfrac{P}{R^\gamma}}{\dfrac{6P}{D^\gamma}} = \frac{1}{6}\left(\frac{D}{R}\right)^\gamma = \frac{q^\gamma}{6} \tag{1.5}$$

$q = \dfrac{D}{R}$ 稱為同通道干擾衰減因子（co-channel interference reduction factor）[4]。

第二節　第一代行動通訊系統

較著名的第一代行動通訊系統（1G）為先進行動電話服務（advanced mobile phone services, AMPS）系統，由貝爾實驗室於 1970 年末期發展 [5]，並由 AT&T 進行商業化，於 1983 年進行實際系統運行測試。系統操作於 800 MHz 頻帶，824-849 MHz 使用於行動端至基地臺的上鏈路通訊鏈結（uplink），869-894 MHz 使用於基地臺至行動端的下鏈路通訊鏈結（downlink）。25MHz 的系統上鏈路或下鏈路頻寬，提供 832 個通道，每個通道的傳輸頻寬為 30KHz。832 個通道中，有 42 個通道載送系統資訊，以 FSK 調變，傳輸速率為 10 kbps；790 個通道傳輸 12KHz 語音訊號，以 FM 調變，提供語音通訊服務。

第一代行動通訊系統以傳送類比訊號為主，通訊器具與設備均以類比訊號波形特徵來傳送訊號，保密性差，易遭受通道環境的干擾，傳輸訊號容易失真，同時無法支援一般資訊網路所需要的數據通訊服務。

第三節　第二代行動通訊系統

第二代行動通訊系統（2G）以數位調變為主，包含歐洲電信標準協會所發展的 GSM 通訊系統、美國的 D-AMPS（IS-136）系統、窄頻 CDMA（IS-95）系統及日本的個人數位蜂巢式（personal digital cellular, PDC）行動通訊系統。提供數位語音通訊服務和低傳輸速率的數位資料服務——簡訊服務，並具有國際漫遊（roaming）的功能。

1.3.1　GSM 系統

GSM 行動通訊系統於 1989 年由歐洲電信標準協會制定，並於 1991 年在歐洲正式商業化營運。 GSM 系統使用 890-915 MHz 於上鏈路通訊鏈結，935-960 MHz 於下鏈路通訊鏈結（downlink），上鏈路或下鏈路系統頻寬和 AMPS 系統相同，均使用 25MHz 的系統傳輸頻寬。多工方式則採用分時多工（time division multiple access, TDMA）結合分頻多工（frequency division multiple access, FDMA）。首先，25MHz 的上鏈路或下鏈路系統頻寬使用分頻多工方式切割成 124 個頻帶，每個頻帶具有 200 KHz 頻寬間隔。同時每個具有 200 KHz 頻寬的頻帶再以分時多工的方式分成 8 個時間框架（time slot）或 16 個時間框架提供系統進行全速率（full-rate）或半速率（half-rate）通訊之用。一個全速率的 GSM 資料傳輸通道，其傳輸速率為 22.8 kbps，可傳輸的訊息資料速率為 12、6 或 3 kbps；而一個半速率的 GSM 資料傳輸通道，其傳輸速率為 11.4 kbps，可傳輸的訊息資料速率為 6 或 3.6 kbps。圖 1.3 為 GSM 全速率一般脈波激發——線性預測（regular pluse excited-linear predictive coder, RPE-LPE）[8] 語音編碼訊號傳輸架構圖。一般脈波激發——線性預測語音編碼器，其基本原理為利用先前取樣的資料來預測現在的取樣信號，每個取樣信號被編碼成包含先前取樣脈波的線性組合之係數，加上預測的取樣值和實際取樣值之

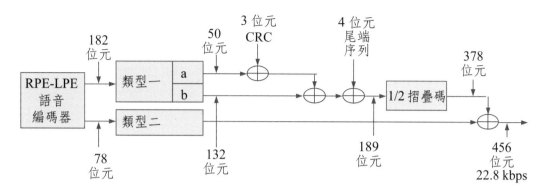

圖 1.3　GSM 全速率 RPE-LPE 語音編碼訊號傳輸架構

差值的編碼格式，輸出 13 kbps 的數位語音位元流，亦即每 20 ms 輸出 260 個位元。這 260 個語音位元依據所攜帶的訊息重要性分成三類：(i) 第一類 a 型，計有 50 個位元；(ii) 第一類 b 型，計有 132 個位元，此 a、b 類型信號會嚴重影響接收語音信號品質；(iii) 第二類，計有 78 個位元，較不會嚴重影響接收語音信號品質。對於第一類 a 型 50 個位元加入三個位元的循環冗餘檢查碼（cyclic redundancy check, CRC），進行錯誤檢測。其原理為給定一個 k 位元的資訊區塊，發射機產生 $n-k$ 位元序列，稱之為訊框檢驗序列（frame check sequence, CRC），組成一可被預定除盡的 n 位元訊框。接收機將接收到的訊框除以相同之數，如果沒有餘數則沒有錯誤發生。這 53 個位元加上 132 個第一類 b 型位元，再加入 4 個位元的尾端序列後，經由 1/2 摺疊碼進行傳輸位元錯誤控制，經編碼後產生的資料位元數目是 $189 \times 2 = 378$ 個位元。第二類的 78 個位元則未進行保護，並且加到有經過 1/2 摺疊碼所保護的位元後面成為一個 456 位元的區塊，最後所產生的資料速率是 456/20 ms＝22.8 kbps，以 GMSK 技術調變。

　　GSM 系統每 120 ms 傳輸一個多框架（multi-frame），如圖 1.4 所示，每個多框架由 26 個框架（frame）所組成，每個使用者使用一個框架傳輸資訊。每個框架由 8 個時槽（time slot）所組成，每個時槽包含 3 個全為 0 的拖行位元，標明時槽的起始與結束、114 個位元的資訊位元、2 個控制位元標明所傳

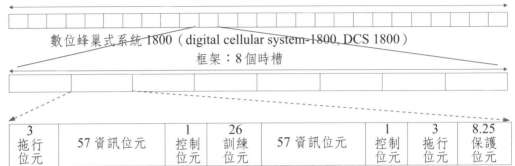

圖 1.4　GSM 系統多框架結構

輸的資訊位元是屬於語音訊號或資料訊號、26 個訓練位元進行同步以及 8.25 個保護位元來避免通道多路徑干擾現象的發生。GSM 系統同時使用慢速跳頻技術以增進信號品質，在一個給定的頻道中，每個連續的 GSM 框架使用不同的頻帶傳輸，因一個框架為 4.615 ms，因此每隔 4.615 ms 傳輸頻率會更新一次，進一步增加系統對抗多路徑干擾及同通道干擾之能力。個人通訊系統 1800/1900（personal communication system 1900, PCS-1900）是從 GSM 系統衍生出來。分別使用 1800 MHz 的頻段和 1900 MHz 的頻段。不過由於系統載波中心頻率大於 900 MHz 的頻段，無線電波的涵蓋範圍比 GSM 系統小。數位蜂巢式系統 1800 上傳鏈路使用 1710-1785 MHz的頻段，下傳鏈路使用 1805-1880 MHz 的頻段。上傳、下傳鏈路系統頻寬為 75 MHz。和 GSM 系統相同，使用分頻多工方式切割成 374 個頻帶，每個頻帶具有 200 KHz 頻寬間隔，多框架結構仍然維持和 GSM 系統相同。

1.3.2 數位先進行動電話服務（Digital Advanced Mobile Phone Services）

數位先進行動電話服務（digital advanced mobile phone services, D-AMPS），與第一代類比行動通訊系統 AMPS 相容，是 AMPS 系統的數位進階版本，主要使用於美國。其上下鏈路傳輸頻帶和 AMPS 系統相同，每個載波頻寬為 30 kHz，框架結構 [10] 和 GSM 系統相似。每個 D-AMPS 框架包含有 6 個時槽，每個時槽傳輸 6.67 ms，一個框架傳輸 40 ms。每個時槽傳輸 324 位元，其中包含 260 個使用者資訊位元。在上鏈路時槽這 260 個使用者資訊位元分割成 16、122 和 122 三個封包；在下鏈路時槽這 260 個使用者資訊位元分割成 130 和 130 二個封包，採用移位 DPSK 技術調變。其餘 64 個傳輸位元包含 28 個同步位元，12 個數位驗證彩色碼（Digital verification colour code, DVCC），幫助時槽的配置與管理，12 位元的系統控制資訊，傳輸於慢速截取控制通道（slow access control channel, SACCH）。其框架及上下鏈路時槽結構顯示於圖 1.5 的甲、乙與丙圖。

一個框架：6 個時槽，40ms

時槽 1	時槽 2	時槽 3	時槽 4	時槽 5	時槽 6

圖 1.5(甲)　D-AMPS 框架結構

28 個同步位元	12 個系統控制位元	130 個資料位元	12 個數位驗證彩色位元	130 個資料位元	12 個保留位元

圖 1.5(乙)　下鏈路 D-AMPS 時槽結構

12 個保留位元	16 個資料位元	28 個同步位元	122 個資料位元	12 個系統控制位元	12 個數位驗證彩色位元	122 個資料位元

圖 1.5(丙)　上鏈路 D-AMPS 時槽結構

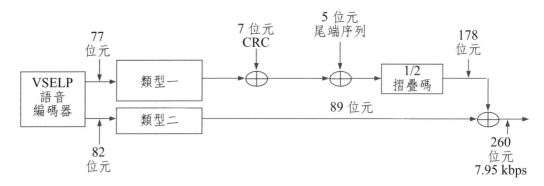

圖 1.6　D-AMPS 的 VSELP 語音編碼訊號傳輸架構

　　D-AMPS 採用向量總和篩選線性預測（vector sum excited linear prediction, VSELP）語音編碼機制，輸出速率為 7.95 kbps，即 20 ms 輸出 159 語音位元，其中有 77 個位元為第一類語音位元，其錯誤會嚴重影響語音通訊品質，加入七個位元的循環碼進行錯誤檢測及 5 個尾端序列後，經由 1/2 摺疊碼進行傳輸位元錯誤控制，經編碼後產生的資料位元數目是 89 × 2 ＝ 178 個位元。第二類的 82 個位元則未進行保護，並且加到有經過錯誤控制所保護的位元後面成為一個 260 位元的區塊，使用一個時槽傳輸之，其 D-AMPS 的 VSELP 語音編碼訊號傳輸架構如圖 1.6 所示。

1.3.3　IS-95 系統

　　IS-95 系統使用分碼進接多工技術（code division multiple access, CDMA），由 Qualcomm 公司所發展，亦同時發展衛星版的 IS-95 系統，即是全球通（GLOBALSTR）行動衛星系統。和 D-AMPS 系統一樣，IS-95 系統的操作頻帶和 AMPS 系統相同，下鏈路傳輸操作於 869-894 MHz，上鏈路傳輸操作於 824-849 MHz。IS-95 系統是一個雙頻帶（dual band）的系統，下鏈路傳輸也可以操作於 1850-1910 MHz，上鏈路傳輸也可以操作於 1850-1910 MHz 的個人通訊服務（personal communication services, PCS）頻帶。通道頻寬 1.23 MHz 是 AMPS 系統 30 kHz 的 41 倍。一般言之，第一代類比蜂巢式行動通訊系統採用分頻多工機制，其頻率再使用因子為 7，亦即其蜂巢集 $N=7$，一個蜂巢集包含 7 個蜂巢；第二代數位蜂巢式行動通訊系統採用分時多工機制，其頻率再使用因子為 4，亦即其蜂巢集 $N=4$，一個蜂巢集包含 4 個蜂巢；IS-95 系統採用分碼進接多工機制，其頻率再使用因子為 1，亦即其蜂巢集 $N=1$，一個蜂巢集僅包含 1 個蜂巢，因此在相同系統頻寬考量下，分碼進接多工系統的容量最大，分時多工系統次之，分頻多工系統最小。

　　圖 1.7 顯示 IS-95 系統下鏈路傳輸架構圖。可變速率的語音編碼器，產生 1.2、2.4、4.8 和 9.6 kbps 的語音位元流，經由 1/2 的摺疊碼進行通道保護，輸出的編碼位元流速率為 2.4、4.8、9.6 和 19.2 kbps，再經由位元重置技術，例如輸出的編碼位元流速率為 2.4 kbps，則我們將輸出的編碼位元資訊重置 8 次，可得到輸出速率為 19.2 kbps 的編碼傳輸位元；若輸出的編碼位元流速率為 19.2 kbps，則我們將不進行重置，輸出編碼傳輸位元速率仍可維持 19.2 kbps，如此將可以把變化輸出的編碼位元流速率 2.4、4.8、9.6 和 19.2 kbps 全部調整成以 19.2 kbps 速率傳輸。接下來輸入方塊位元間隔器（block interleaver），將連續突發錯誤影響的位元序列展開在分離的區塊上，使得接收端可以更正錯誤，其實現的方式可以藉由寫入和讀取記憶體資料順序的不同來實現間隔器，更明確的說，有一（n, k）錯誤控制碼能夠更正所有少於等於 t 個的錯誤位元，假如我們使用程度 m 的間隔器（長度 $l=mb$ 的連續錯誤位元分離為 m 個長度為 b 的連續錯誤位元），加入間隔器的錯誤控制碼相當於（mn, mk）碼，可以更正 mt 個錯誤位元的能力。經過間隔器的編碼傳輸位元流藉由長度為 64 的 Walsh Hadamard（WH）正交展頻碼進行展頻，輸出傳輸速率為 $19.2k \times 64 = 1.2288$ Mcps。

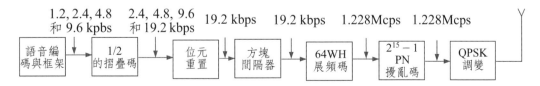

圖 1.7　IS-95 系統下鏈路傳輸架構

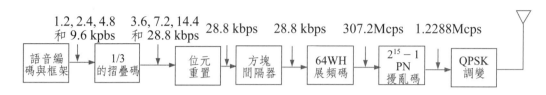

圖 1.8　IS-95 系統上傳鏈路傳輸架構

經由長度為 $2^{15}-1$ 的類雜訊碼（pseudonoise, PN）進行攪亂，這裡的類雜訊碼並非當展頻碼使用，而是攪亂的功能，使傳輸位元連續出現 0 或者是 1 的機率降低，有效對抗多路徑衰減效應，其輸出傳輸碼率仍為 1.2288 Mcps，以四相相位移鍵（quadrature phase shift keying, QPSK）的調變技術傳輸於 1.23 MHz 的通道頻寬上。

　　圖 1.8 描述 IS-95 系統上傳鏈路傳輸架構圖。可變速率的語音編碼器，產生 1.2、2.4、4.8 和 9.6 kbps 的語音位元流，經由 1/3 的摺疊碼進行通道保護，輸出的編碼位元流速率為 3.6、7.2、14.4 和 28.8 kbps，再經由位元重置技術，輸出編碼傳輸位元速率維持在 28.8 kbps，之後再經過方塊位元間隔器，間隔器的輸出資料以 6 個位元為一組，每組 6 位元以長度為 64 的 Walsh Hadamard（WH）正交展頻碼進行展頻，輸出展頻碼速率為 28.8kbps/6 × 64 = 307.2kcps，並經由長度為 $2^{42}-1$，速率為 1.2288 Mcps 的類雜訊碼（pseudonoise, PN）進行攪亂，最後經由 QPSK 調變傳輸之。

1.3.4　GPRS 系統

　　GPRS（General Packet Radio services）是一種第 2.5 代的行動通訊技術，主要將既有的 GSM 網路增加其傳輸效能與速率。GPRS 使用封包交換（packet-switched）技術，在無線電頻道的使用上比較有效率，其資料的傳輸速率可達 168 kbps。交換技術可以讓沒有實體連接的網路節點互通訊息，常見的有電路交換（circuit-switching）和封包交換（packet switching）兩種[6][7]。電路交換技術必須在通訊前建立一條固定的線路，在資料傳輸期間會占用一個傳輸通道，如分頻多工技術的一個頻道或者是分時多工技術的一個時段，直到斷線後，其通道資源才可以配置給其他使用者使用。至於封包交換技術，將資料分割成一小段一小段的封包，封包內含有目的地位址，每個封包可以走不同路徑抵達目的地，同時在目的地重組回原來的資料。封包交換技術可以進一步分成資料封包（Datagram）和虛擬電路（Virtual Circuit）兩類。資料封包的傳輸方式完全相依於封包內的位址來傳送，而虛擬電路則是先建立一條路徑（Route）後，才開始在該路徑上傳送封包。雖然虛擬電路也需建立路徑的時間，但是並不占用傳輸通道，沒有資料傳輸時，其他系統使用者可以使用。

相較於電路交換技術，封包交換技術有以下的優點：

(i) 網路效能較高，每一節點間的鏈結可以動態地配置給許多封包使用。相對地，交換電路的節點間是採用預先架設的方式連結，大部分的連結時間可能閒置。

(ii) 封包交換網路可以轉換資料速率，每個節點可以連結不同但適合該節點傳輸速率的資料，因此兩個有不同傳輸資料速率的節點可以交換封包。

(iii) 當交換網路的傳輸量變大時，一些連線要求會被阻斷，那是因為網路拒絕接受增加的連結要求直到網路的負擔變輕為止，封包交換網路則可持續接受封包，但會增加傳輸延遲。

(iv) 在封包交換網路系統當中，可以使用優先權設計。當一個節點有排隊的封包序列要進行傳輸，則優先權較高的封包可以比優先權較低的封包先進行傳輸，這是因為優先權較高的封包其傳輸延遲的服務品質參

數較低。

相較於電路交換技術，封包交換技術也有以下的缺點：

(i) 和電路交換技術不同，封包經過節點會造成延遲；因為不同的封包傳遞的路徑可能不同，各個節點所造成的延遲也不相同，全部封包的延遲會非常大，並不適合電話語音及即時互動式視訊傳輸的應用。

(ii) 透過網路傳送封包，所有封包資料的標頭均需包含目的地位址資訊，通常需要附加傳輸順序資訊於每個封包，這樣會減少使用者的通訊容量。若使用電路交換技術，則無須傳輸如傳輸順序資訊……等額外資訊。

(iii) 封包交換技術在每個交換節點需要許多的處理時間，若使用電路交換技術一旦連結建立後，每個節點無須處理資料，故不需要處理時間。

第四節　第三代行動通訊系統

第三代（3G）行動通訊系統以發展具有多媒體影音視訊通訊，以及高速資料傳輸的無線平臺。IMT-2000 定義第三代行動通訊系統的功能如下：

(i) 提供和公用交換電信網路相同的語音品質。

(ii) 提供 144 kbps 資料速率給使用者在大區域上高速移動的物體使用。

(iii)提供 384 kbps 資料速率給行人或慢速移動的物體使用。

(iv) 提供 2.048 Mbps 資料速率在辦公室使用。

(v) 提供對稱與非對稱的資料傳輸速率。

(vi) 同時支援封包交換和線路交換的資料服務。

(vii) 提供一個網際網路的適應性介面，使能有效率地反映一般上傳鏈路和下傳鏈路的非對稱特性。

(viii) 在一般的情形下可更有效率的使用頻譜。

(ix) 支援更廣泛多變的行動設備。

(x) 允許採用新的服務和技術的彈性。

為了達成任何時間，任何地點均能進行無線通訊的目的，**全球行動通訊系統**（Universal Mobile Telecommunications System, UMTS）依據無線電波覆蓋範圍的大小劃分成[14]：衛星蜂巢，其蜂巢涵蓋的範圍為 500-1000 km，主要的系統為我們第二章所介紹的行動衛星通訊系統，其系統相當適合無法建置地面基地臺的通訊環境，如海洋、叢林、高山和沙漠；第二類蜂巢為大蜂巢（Macro Cells），其無線電波覆蓋範圍為 35 km 以內，主要為本章所介紹的地面上蜂巢式行動通訊系統；第三類蜂巢為小蜂巢（Micro Cells），其無線電波覆蓋範圍為 1km 以內，如低功率電話的 PHS（Personal Handphone system）系統；第四類蜂巢為極小蜂巢（Pico Cells），其無線電波覆蓋範圍為 100 m 以內，主要為無線區域網路系統如 802.11b、802.11g 和 802.11n；最後一類的蜂巢為家庭蜂巢（Home Cells），主要以應用於無線 DVD 播放器、無線 USB 及無線遊戲機傳輸介面的超寬頻系統，這些各式各樣的無線傳輸平臺提供傳輸速率愈來

愈快，愈來愈多樣化的無線傳輸服務。

參考文獻

[1] Ray E. Sheriff and Y. Fun Hu, *Mobile Satellite Communication networks*, John Wiley & Sons, LTD, 2001.

[2] W. R. Young, "Advanced Mobile Phone Services : Introduction, Background, and Objectives", *Bell System Technical Journal*, 58(1), pp.1-14.

[3] 顏春煌，*行動與無線通訊*，金禾出版社，2004。

[4] W.C.Y. Lee, *Mobile Cellular Telecommunications System*, McGraw-Hill International Editions, 1989.

[5] "Advanced Mobile Phone Services", *Bell System Technical Journal*, 58(1), pp.1-269.

[6] William Stalling, *Wireless Communication and Networks*, Prentice-Hall, 2005.

[7] 余兆堂、林瑞源、繆紹綱，*無線通訊與網路*，倉海書局，2002。

[8] P. Kroon , and E. Deprettere, "Regular Pulse Excitation──A Novel Apprpach to Effective Multipulse Coding of Speech, " *IEEE transactions on Acoustics, speech, and Signal Processing*, 1986.

[9] B. H. walke, *Mobile Radio Networks Networking and Protocols*, Wiley, 1999.

[10] D. J. Goodman, "Second Generation Wireless Information Networks," *IEEE Transactions on Vehicular Technology*, 40(2), May 1991.

[11] V. K. Garg, and J. E. Wilkes, *Wireless and Personal Communications systems, Prentice-Hall*, 1996.

[12] Michel Daound Yacoub, *Fundations of Mobile Radio Engineering*, CRC Press, 1993.

[13] ETSI Technical Report, *UMTS Baseline Document: Positions on UMTS agreed by SMG including SMG#26*, UMTS 30.01 V3.6.0 , 1999-2002.

[14] J. Cosmas, B. Evans, C. Evci, W. Herzig, H. Persson, J. Pettifor, P. Polese, R. Rheinschmitt, A. Samukic, "*Overview of the MOBILE Communications Programme of RACEII,*" *Electronics&Communication Engineering Journal*, 7(4), August , 1995.

[15] 斐昌幸、聶敏、岳安軍譯，行動通信原理，五南圖書，2005。

[16] Theodre. S. Rappaport, "*Wireless Communication : principles and practice,*" Prentice Hall PTR, 2002.

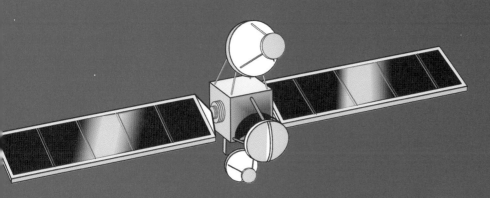

第二章
行動衛星通訊系統演進

　　在第一章我們已對蜂巢式行動通訊系統的演進作介紹。然而對於海洋、山區、偏遠地區、叢林、沙漠及天空上的航空器,明顯的,地面上的蜂巢式行動通訊系統對這些通訊環境而言並不適合;另一方面,隨著人類環保意識的日漸抬頭,地面上的蜂巢式行動通訊系統基地臺的建置將日愈困難,當然行動衛星通訊的角色也就日漸重要。在本章我們將對行動衛星通訊系統的演進作介紹。

　　衛星在 1960 年代中期正式提供通訊服務,並於 1980 年代提供個人行動通訊服務。和地面蜂巢式行動通訊系統一樣,早期的行動衛星通訊系統以類比技術為主,第二代以後的行動衛星通訊系統則以數位技術為主。行動衛星通訊系統可以以衛星所在高度分為同步衛星(Geostationary, GEO)、中軌道衛星(Medium Earth orbit, MEO)和低軌道衛星(Low Earth orbit, LEO)。同步衛星所在高度為 35786 公里,中軌道衛星所在高度為 10000-20000 公里,低軌道衛星所在高度為 750-2000 公里之間。衛星的高度愈高,手持式設備傳輸接收機制愈複雜,成本也就愈高,同時也更加耗電。

　　圖 2.1 為行動衛星網路架構圖,包含使用者部分、地面部分以及太空部分。使用者部分包含有手持式設備……等通訊設備;太空的部分則包括同步衛星、中軌道衛星和低軌道衛星。第一代的類比衛星系統,衛星和衛星之間無法進行通聯,因此衛星和衛星之間的通訊須先由衛星下傳回地面站,地面站藉由公眾交換網路連接至另一地面站,之後上傳回衛星,如圖 2.2 所示。而第二代以後的行動衛星通訊系統則衛星和衛星間可以進行直接通聯,無須再藉由地面站進行連結如圖 2.3 所示。而地面站除了扮演控制天空上衛星的角色外,也具有閘道器(Gateway)的功能,連接公眾交換網路、網際網路和地面上的蜂巢式行動通訊網路構成綿密的通訊網絡,提供人類更便捷的通訊服務。行動衛星系統可以依其操作頻帶分為:225-390 MHz 的 P 頻帶、390-1550 MHz 的 L 頻帶、1550-3900 MHz 的 S 頻帶、3900-8500 MHz 的 C 頻帶、8500-10900 MHz 的 X 頻帶、10900-17250 MHz 的 Ku 頻帶、17250-36000 MHz 的 Ka 頻帶、

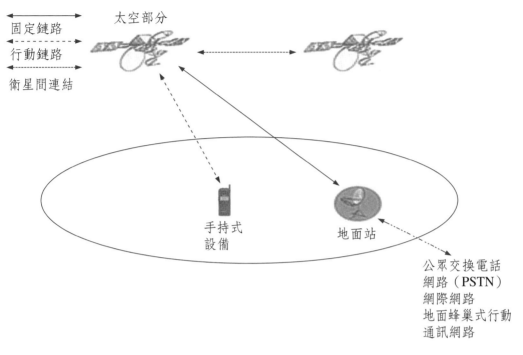

固定鏈路

行動鏈路

衛星間連結

太空部分

手持式
設備

地面站

公眾交換電話
網路（PSTN）
網際網路
地面蜂巢式行動
通訊網路

圖 2.1　行動衛星網路架構圖

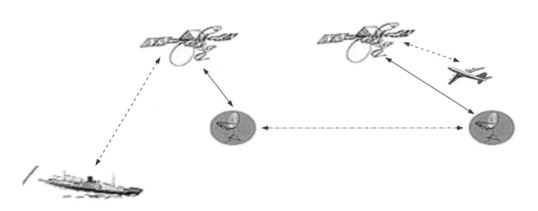

圖 2.2　早期行動衛星網路傳輸架構

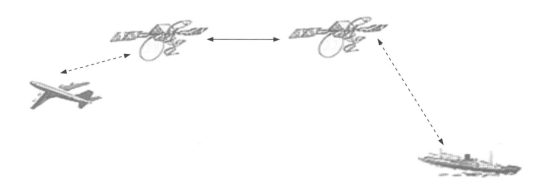

圖 2.3　現階段行動衛星網路傳輸架構

36000-46000 MHz 的 Q 頻帶、46000 -56000 MHz 的 V 頻帶以及 56000-100000 MHz 的 W 頻帶，如表 2.1 所示。

表 2.1　各衛星頻帶操作範圍

頻帶	頻率範圍（MHz）
P	225-390
L	390-1550
S	1550-3900
C	3900-8500
X	8500-10900
Ku	10900-17250
Ka	17250-36000
Q	36000-46000
V	46000-56000
W	56000-100000

第一節　同步衛星系統

　　同步衛星目前已提供通訊服務將近 20 年，位於距離地球 35786 公里處，繞行地球一週需 23 小時 56 分 4.1 秒。相當於地球自轉一週的速度，因此同步衛星在地球的任何地方觀察，仰視角均為 90 度，且靜止在天空當中。其直接波由地面上傳至衛星，再由衛星下傳至地面的時間約為 280 ms，加上 20 ms 衛星轉繼處理的時間，整個上、下鏈路衛星傳輸時間為 300 ms，而國際電信組織訂定衛星電話最大傳輸延遲為 400 ms。同步衛星目前常被使用來進行定點、廣播及行動通訊的用途。一般言之，三顆同步衛星即可涵蓋地球表面，海事衛星（Inmarsat）即是其中著名的系統之一。**海事衛星**於 1979 年藉由衛星系統提供航海通訊，目的在於船隻管理及航行的安全通訊之用，並於 1999 年 4 月於倫敦成立海事衛星有限公司。第一代的海事衛星通訊系統採用類比通訊技術，由三顆 MARI-SAT 同步衛星所組成，分別位於東經（East）72.5 度、東經 176.5 度和西經 106.5 度，服務範圍包括大西洋、太平洋及印度洋。

　　在 1990 至 1992 年間，採用數位通訊技術的第二代海事衛星通訊系統（Inmarsat-2）開始通訊，提供了相當於 3-4 倍的第一代海事衛星通訊容量，分別位於西經 98 度、東經 65 度和東經 179 度的位置，其上傳鏈路的行動通道連結操作於 1.5 GHz 的 L 頻帶，其下傳鏈路的行動通道連結操作於 1.6 GHz 的 S 頻帶；其上傳鏈路的固定通道連結操作於 6.4 GHz 的 C 頻帶，其下傳鏈路的固定通道連結操作於 3.6 GHz 的 S 頻帶。並陸續發展具有全球定位功能（GPS）及航空導航功能（GLONASS）的第三代海事衛星通訊系統（Inmarsat-3），其涵蓋範圍如表 2.2 所示。

　　海事衛星提供相當廣範圍的航海與陸地行動通訊服務。在 1982 年海事衛星正式提供傳輸、可攜式設備及航海模組的 A 型（INMARSAT-A）通訊服務。

海事衛星 A 型語音通訊服務使用 300-3000 Hz 的通道頻寬，頻率調變技術。
BPSK 調變技術使用於資料傳輸，傳輸速率為 19.2 kbps，同時提供 14.4 bps 的
傳真服務。其傳輸頻帶為 1636.5-1645 MHz，接收頻帶為 1535-1543.5 MHz，
具有語音通道頻寬 50 kHz 和資料通道頻寬 25 kHz，海事衛星 A 型傳輸設備已
停止生產。

表 2.2　海事衛星通訊系統涵蓋範圍

服務範圍	操作衛星	備用衛星
大西洋西部	INMARSAT-3 F4	INMARSAT-2 F2 INMARSAT-3 F2
大西洋東部	INMARSAT-3 F2	INMARSAT-3 F5 INMARSAT-3 F4
印度洋	INMARSAT-3 F1	INMARSAT-2 F3
太平洋	INMARSAT-3 F3	INMARSAT-2 F1

海事衛星 B 型（INMARSAT-B）服務開始於 1993 年，主要提供數位版的
海事衛星 A 型語音傳輸服務。使用適應性預先估測語音編碼技術（adaptive pre-
dictive coding, APC），輸出 16 kbps 語音串流，3/4 摺疊碼進行錯誤控制，off-
set-QPSK 調變技術，語音信號的傳輸速率為 24 kbps。資料信號的傳輸速率介
於 2.4 和 9.6kbps 之間，傳真速率可達 9.6kbps。海事衛星 B 型也提供 64kbps
高速數位資料傳輸服務，提供航海及陸地使用者使用。海事衛星 C 型（IN-
MARSAT-C）提供傳輸速率為 1200 bits 的低速資料通訊服務，使用 BPSK 調
變、1/2 的摺疊碼，系統頻寬為 2.5 kHz。海事衛星 M 型（INMARSAT-M）服
務開始於 1992 年，為第一個個人可攜式行動衛星電話[7]，輸出語音資料串流
為 4.8kbps，使用 3/4 的摺疊碼，傳輸語音信號的速率為 8kbps，同時提供 1.2
至 2.4kbps 的傳真及資料傳輸服務。海事衛星 M 型提供航海及陸地使用者的行
動衛星通訊服務，其航海行動衛星通訊的傳輸頻帶為 1626.5 MHz-1646.5
MHz，接收頻帶為 1525MHz-1545 MHz，每個通道頻寬為 10kHz；其陸地行動

衛星通訊的傳輸頻帶為 1626.5 MHz-1660.5 MHz，接收頻帶為 1525MHz-1559 MHz，同樣的每個通道頻寬為 10kHz。

2.1.1 EUTELTRACS 衛星通訊系統

　　EUTELTRACS [8]為一個車隊管理系統，藉由同步衛星從移動中的車輛傳輸和接收文字訊息。源起於歐洲的陸地行動衛星服務，此系統同時提供有位置定位服務，以便於車隊位置的追蹤與管理。EUTELTRACS 衛星通訊系統操作於 Ku 頻帶，由歐洲電信衛星組織（European Telecommunication Satellite Organisation, EUTELSAT）所發展。這個網路包含五個部分：地面站、衛星、行動端、服務提供網路管理中心以及派遣中心。網路架構如圖 2.4 所示。地面站控制衛星通訊連結並提供網路管理，客戶從車輛派中心接收及傳送訊息，車輛派中心並藉由公眾服務電話網路與服務提供網路管理中心及地面站進行連結。EUTELTRACS 衛星通訊系統有 1x 和 3x 兩種服務類型，1x 提供 4.96 kbps 的資料傳輸服務，採用 BPSK 調變；3x 提供 14.88 kbps 的資料傳輸服務，使用

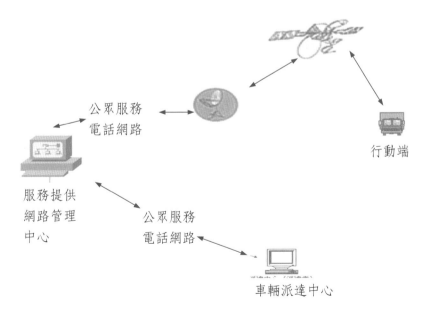

圖 2.4　EUTELTRACS 衛星通訊系統網路架構

3/4 摺疊碼的錯誤控制機制和 QPSK 調變，基本的傳輸符元速率為 9920 sps。

2.1.2　亞洲的蜂巢式行動衛星網路、THURAYA 和其他系統

　　除了海事衛星外，仍然有許多的系統使用同步衛星在 L 頻帶提供行動衛星通訊服務，使得戶外行動衛星通訊服務，不再是夢想，如圖 2.5 所示。這些系統包括澳洲的 OPTUS 行動衛星通訊系統[10]、日本的 N-star 系統、北美的 MAST 系統、亞洲的 ACeS 系統以及印度、北非和中歐的 THURAYA 行動衛星通訊系統。THURAYA 於 2001 年正式商業化，位於東經 44 度的地方，其涵蓋範圍如圖 2.6 所示。行動鏈結操作於 L-/S-頻帶，地面到太空的通訊頻帶為 1626.5-1660.5 MHz，太空到地面的通訊頻帶為 1525-1559 MHz，使用 QPSK 調變及 FDMA/TDMA 多工技術，提供數位語音、傳真及 2.4、4.8 和 9.6 kbps 的資料傳輸服務，其 Thuraya 衛星模組/GSM 模組雙模組行動電話如圖 2.7 所示，該款行動電話配置 GPS 全球定位功能，截至 2001 年底，THURAYA 行動衛星用戶共有 75 萬人。

圖 2.5　戶外行動衛星通訊服務[16]

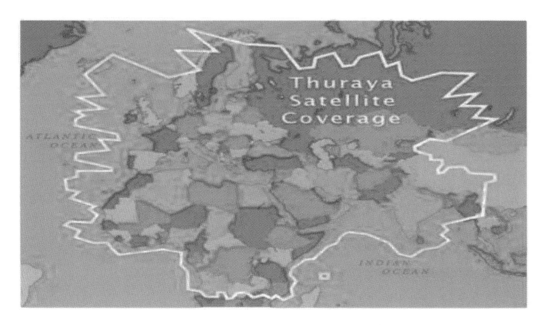

圖 2.6　THURAYA 行動衛星通訊系統涵蓋範圍[16]

THURAYA THURAYA

圖 2.7　THURAYA 衛星模組/GSM 模組雙模組行動電話[16]

第二節　極小低軌道衛星系統

　　極小低軌道衛星系統主要在提供非語音的低傳輸速率行動資料和訊息服務，包括 e-mail、遙測和遠距離儀表量測，在區域的系統可以使用非同步衛星。相較於提供低軌道行動衛星通訊服務的衛星而言，此類衛星是屬於較小的，通常操作於 700-2000 km 的軌道位置，提供接近即時的低速率資料傳輸。操作頻帶主要配置於 500MHz 以下，分為主要頻帶和第二頻帶的操作頻率。相對於第二頻帶而言，主要頻帶具有干擾保護。當超過一個服務存在於主要頻帶時，這些同時操作於主要頻帶的系統不能形成相互間的干擾。而同時存在於第二操作頻帶的系統則無此規定，此系統的操作頻帶配置，如表 2.3 所示。

2.2.1　ORBCOMM

　　ORBCOMM 是由美國軌道科學股份有限公司（Orbital Sciences Corporation）和電信工業技術研究中心所發展的極小低軌道衛星系統，提供廣域的窄頻帶雙向數位訊息、數位資訊及全球定位的即時通訊服務。ORBCOMM 極小低軌道衛星系統包含 36 顆衛星，提供 2.4kbps 的上傳及 4.8kbps 的下傳資料傳輸速率，4.8kbps 的下傳資料傳輸速率可擴展為 9.6kbps 的下傳資料傳輸速率。使用 DPSK 調變技術；上傳頻帶為 148-148.9 MHz，下傳頻帶為 137-138 MHz。網路架構包含有網路控制中心、使用者通訊器和閘道器。網路控制中心位於美國，主要提供廣域的網路管理，包含監控 ORBCOMM 極小低軌道衛星系統的各顆衛星的系統效能。其網路架構如圖 2.8 所示。閘道器分成地面站和控制中心兩部分，提供 56.7 kbps 的衛星地面站間的雙向通訊，採用 offset-QPSK 調變。因此，首先資料處理中心經由網際網路將通訊需求傳送至閘道器控制中心並經由閘道器地面站將訊息傳輸至衛星，並使用下鏈路連結傳遞至使用者通訊器，使用者通訊器循相反方向傳遞記錄資訊回資料處理中心進行記錄與處理。

表 2.3 極小低軌道衛星系統操作頻帶配置

頻帶（MHz）	類別	方向
137-137.025	主要頻帶	太空到地球
137.025-137.175	第二操作頻帶	太空到地球
137.175-137.825	主要頻帶	太空到地球
137.825-138	第二操作頻帶	太空到地球
148-148.9	主要頻帶	地球到太空
387-390	第二操作頻帶	太空到地球
399-400.05	主要頻帶	地球到太空
400.15-401	主要頻帶	太空到地球
406-406.1	主要頻帶	地球到太空

第三節　行動衛星通訊網路

1990 年代是行動通訊產業的關鍵點，GSM 和 IS-95 地面蜂巢式行動通訊系統均在此時開始發展。而在發展地面蜂巢式行動通訊系統的同時，數個使用非同步衛星的行動衛星通訊系統也被提出，包含有 GSM 的衛星版——摩托羅拉的銥計畫、IS-95 的衛星版——Qualcomm 的全球通和海事衛星有限股份有限公司所提出的 NEW ICO。此階段的行動衛星通訊系統主要提供數位語音以及低速率資料傳輸服務，和地面蜂巢式行動通訊系統通訊應用相同。大部分使用軌道高度 10,000-20,000km 的中軌道衛星搭配 750-2000km 的低軌道衛星通訊系統。一般言之，中軌道衛星繞行地球一週為 6 個小時，而低軌道衛星繞行地球一週則為 90 分鐘。雖然行動衛星手持式設備可以僅操作在衛星通訊模式，但由於衛星電話的費率較高，因此一般皆為衛星／地面蜂巢式雙模式手持設備，在有地面蜂巢式行動通訊系統的服務範圍內，則使用地面蜂巢式行動通訊系統，否則則使用涵蓋範圍廣的行動衛星通訊系統，諸如銥計畫和全球通。

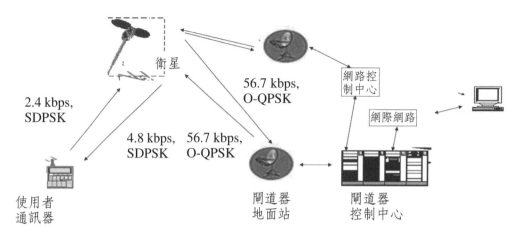

2.4 kbps,
SDPSK

衛星

56.7 kbps,
O-QPSK

網路控
制中心

網際網路

4.8 kbps,   56.7 kbps,
SDPSK   O-QPSK

使用者
通訊器

閘道器
地面站

閘道器
控制中心

圖 2.8　ORBCOMM 極小低軌道衛星系統網路架構

2.3.1 銥計畫（IRIDIUM）

　　摩托羅拉在 1990 年開始發展 GSM 系統的衛星版本——銥計畫，並於 2000 年提供商業服務。因為其衛星的分布和銥元素帶的 77 個電子排列相同而命名為銥計畫。在設計之初，依據當時的技術評估需 77 顆低軌道衛星，位於距離地球 780 公里處，繞行地球一圈需時 100 分鐘 28 秒，從衛星到地面的傳輸延遲為 2.05 ms。隨著科技的進步發展，銥計畫僅包含 66 顆低軌道衛星即達成完全不受時間、國界和地理環境限制的全球無線行動衛星通訊網路服務，其衛星分布如圖 2.9 所示，總共包含 6 個衛星平面，每個平面具有 11 顆衛星。使用 Ka 頻帶之 19.4-19.6 GHz 於下鏈路固定鏈路連結，29.1-29.3 GHz 於上鏈路固定鏈路連結；1.616-1.6265 GHz (L) 頻帶於行動鏈路傳輸，銥計畫可以說是第一代行動衛星通訊系統中，較為複雜的一個，和 GSM 系統一樣，銥計畫提供全雙工的語音通訊，其傳輸速率為 4.8 kbps，和半雙工資料傳輸服務，其傳輸速率為 2.4 kbps。銥計畫使用分時多工技術結合分頻多工技術，每個分時多工地框架包含 90 ms 時間長度，具有四個全雙工使用者通道，其框架架構如圖 2.10 所示。每個時間框架包含四個上鏈路使用者時間槽（time slot）和四個下鏈路使

圖 2.9　銥計畫衛星分布圖

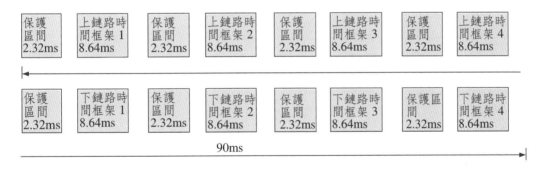

圖 2.10　銥計畫分時多工時間框架圖

用者時間槽，每個時間槽包含 8.64 ms，傳輸 432 個位元，並且具有保護區間 20.88 ms，每個框架實際傳輸使用者資料的效率為 76.8%。其分頻多工技術描述如下：在 1.616-1.6265 GHz (L)頻帶的行動鏈結中，提供了 10.5 MHz 的頻帶，每個通道頻帶寬為 41.67 kHz 和 2 kHz 的保護區間，因此系統可以提供 240 個通訊頻帶，每個通訊頻帶提供四個使用者以分時多工的方式進行全雙工通訊，其分頻多工的方式如圖 2.11 所示。接下來描述銥計畫的通話註冊程序，

| 通訊頻帶 1
41.67KHz | 保護頻帶
2KHz | 通訊頻帶
241.67KHz | 保護頻帶
2KHz | ● ● ● | 通訊頻帶 240
41.67KHz | 保護頻帶
2KHz |

10.5MHz

圖 2.11　銥計畫分頻多工技術通訊頻帶配置

當 IRIDIUM 的使用者在其拜訪的閘道器服務區域範圍內開啟手持式設備時，意即此手持式設備開始準備接收信號；此過程為 IRIDIUM 的使用者藉由上傳鏈路傳輸註冊訊息至衛星，衛星再轉繼註冊訊息至拜訪的閘道器。拜訪的閘道器認知此使用者為拜訪使用者，計算使用者的位置，並進行拜訪者位置註冊（visitor location registration, VLR）。此時 IRIDIUM 使用者辨識碼也會傳輸到拜訪的閘道器進行認證，當認證通過時，IRIDIUM 使用者本地閘道器將會被配置，拜訪的閘道器會將使用者的位置藉由 IRIDIUM 衛星間的傳遞，傳輸至本地閘道器，完成認證程序，此 IRIDIUM 手持式設備將隨時準備通聯。舉例介紹，假如有一位地面公眾交換電信網路的用戶，要和 IRIDIUM 使用者進行通聯，首先，此位公眾交換電信網路的用戶撥打 IRIDIUM 系統使用者的電話號碼，經由公眾交換電信網路傳輸至本地交換機，即用戶所在地電信局，本地交換機辨認此電話號碼為 IRIDIUM 系統用戶碼，同時傳輸此用戶碼至 IRID-IUM 廣域閘道器，IRIDIUM 廣域閘道器開始找尋此用戶碼所在之本地閘道器，將此用戶碼傳輸至此用戶之本地閘道器，本地閘道器藉由 IRIDIUM 衛星傳送信號至此 IRIDIUM 使用者手持式設備，此 IRIDIUM 使用者手持式設備鈴聲響起，完成通聯程序，通訊完結則以相反程序，移除此通訊連結，釋放通訊通道，供其他使用者使用。

2.3.2　全球通（GLOBALSTAR）

全球通由 Loral Space and Communications 和 Qualcomm 於 1996 年發展，並於 2000 年建置完成。其功能和銥計畫相近，為第一代的行動衛星通訊系統，但採用 CDMA 技術，是 IS-95 的衛星版本。整個系統包括 48 顆低軌道衛星，操作於 1414 公里的軌道上。其固定連結下傳鏈路操作於 6.875-7.055 GHz，固定連結上傳鏈路操作於 5.091-5.250 GHz；行動連結操作於 S 頻帶，下傳鏈路為 1610-1626.5 MHz，上傳鏈路為 2483.5-2500 MHz。這 16.5MHz 的上下鏈路系統頻寬可以分成 13 個頻帶，每個頻帶寬度為 1.23MHz。提供 0.6-9.6 kbps 的語音通訊及 2.4kbps 的資料通訊傳輸服務。GLOBALSTAR 採用 QPSK 調變技術，每個下傳鏈路頻帶包含 128 個 CDMA 通道，使用的 Walsh Hadamard 矩陣進行多工，分割成 0 至 127 個通道，通道 0 主要用來傳輸均為零的領航信號，通道 1 提供諸如功率控制訊息……等系統控制資訊。GLOBALSTAR 行動衛星通訊系統具有兩種不同速率的傳輸方式，速率 1 的傳輸方式為 2.4kbps 和 4.8kbps，速率 2 的傳輸方式為 2.4kbps、4.8kbps 和 9.6kbps。圖 2.12 顯示 GLOB-ALSTAR 系統下鏈路傳輸架構圖。可變速率的語音編碼器，產生 2.4kbps 和 4.8 kbps 的語音位元流，經由 1/2 的摺疊碼進行通道保護，輸出的編碼位元流速率為 4.8 和 9.6 kbps，再經由位元重置技術，例如輸出的編碼位元流速率為 4.8 kbps，則我們將輸出的編碼位元資訊重置 2 次，可得到輸出速率為 9.6 kbps 的編碼傳輸位元；若輸出的編碼位元流速率為 9.6 kbps，則我們將不進行重置，輸出編碼傳輸位元速率仍可維持 9.6 kbps，如此將可以把變化輸出的編碼位元流速率 4.8 和 9.6 kbps 全部調整成以 9.6 kbps 速率傳輸。接下來輸入方塊位元間隔器（block interleaver），將連續突發錯誤影響的位元序列展開在分離的區塊上，使得接收端可更正錯誤。經過間隔器的編碼傳輸位元流藉由長度為 128 的 Walsh Hadamard（WH）正交展頻碼進行展頻，輸出傳輸速率為 $9.6k \times 128$ $= 1.2288$ Mcps。經由長度為 $2^{10}-1$ 的類雜訊碼（pseudonoise, PN）進行擾亂，

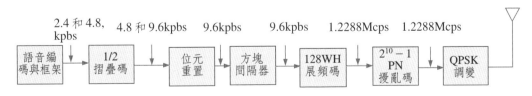

圖 2.12　GLOBALSTAR 系統下鏈路傳輸架構

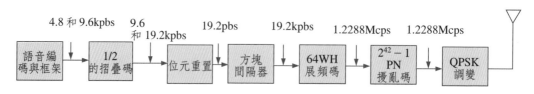

圖 2.13　GLOBALSTAR 系統上鏈路傳輸架構

這裡的類雜訊碼並非當展頻碼使用，而是攪亂的功能，使傳輸位元連續出現 0 或者是 1 的機率降低，有效對抗多路徑衰減效應，其輸出傳輸碼率仍為 1.2288 Mcps，以四相相位移鍵（quadrature phase shift keying, QPSK）的調變技術傳輸於 1.23 MHz 的通道頻寬上。圖 2.13 顯示 GLOBALSTAR 系統上傳鏈路傳輸架構圖。可變速率的語音編碼器，產生 2.4、4.8 和 9.6 kbps 的語音位元流，經由 1/2 的摺疊碼進行通道保護，輸出的編碼位元流速率為 4.8、9.6 和 19.2 kbps，再經由位元重置技術，輸出編碼傳輸位元速率維持在 19.2 kbps，之後再經過方塊位元間隔器，間隔器的輸出資料以 6 個位元為一組，每組 6 位元以長度為 64 的 Walsh Hadamard（WH）正交展頻碼進行展頻，輸出展頻碼速率為 19.2 kbps $\times$ 64 = 1.2288Mcps，並經由長度為 $2^{42}-1$，速率為 1.2288 Mcps 的類雜訊碼（pseudonoise, PN）進行攪亂，最後經由 QPSK 調變傳輸之。由上述可知，GLOBALSTAR 系統上下鏈路傳輸架構和 IS-95 系統相近，僅傳輸參數因應通訊環境為衛星，而進行修正。

2.3.3　NEW ICO

在 1991 年 9 月，海事衛星股份有限公司開始發展行動衛星通訊計畫，命名為 Project-21。在這個計畫的同時，推出 INMARSAT-P 的行動衛星電話服務，並開始著手推動 NEW ICO 行動衛星低軌道通訊系統。其包含有 10 顆中軌道衛星，建置於距離地面 10390 公里處。換言之，每顆 ICO 衛星將覆蓋地表 30% 的面積，提供 4500 個語音通道。NEW ICO 採用 GSM 的網路架構，固定連結使用 C 頻帶通訊，上傳鏈路為 5150-5250MHz，下傳鏈路為 6975-7075MHz。行動連結使用 S 頻帶通訊，上傳鏈路為 1985-2015MHz，下傳鏈路為 2170-2200MHz。使用分頻多工結合分時多工技術，上傳鏈路使用 GMSK 調變，下傳鏈路使用 QPSK 和 BPSK 調變。提供 4.8kbps 的語音通訊和 2.4-9.6 kbps 的手持式資料通訊。

　　在這個章節的最後，我們最後再將第一代行動衛星通訊系統——銥計畫、全球通進行整理。銥計畫為一低軌道行動衛星通訊系統，總共包含 11 個衛星軌道平面，66 顆衛星，每顆衛星 689 公斤，衛星間可以彼此通訊，運作於 2001 年 3 月，傳輸速率為 2.4 kbps，提供語音、傳真和資料服務，行動鏈結上傳鏈路通訊頻帶為 1616-1626.5 MHz，行動鏈結下傳鏈路通訊頻帶為 1616-1626.5 MHz；固定鏈結上傳鏈路通訊頻帶為 29.1-29.3 MHz，固定鏈結下傳鏈路通訊頻帶為 19.4-19.6 MHz，採用分頻多工結合分時多工技術及 QPSK 調變技術。全球通開始營運於 2000 年春天，為一個包含 6 個衛星軌道平面、48 顆衛星的行動衛星通訊系統。每顆衛星重 450 公斤，衛星間彼此無法通訊。系統提供 0.6-9.6 kbps 的語音通訊及 2.4 kbps 的資料通訊服務，使用分碼進接多工技術和 QPSK 調變技術，行動鏈結上傳鏈路通訊頻帶為 1610-1626.5 MHz，行動鏈結下傳鏈路通訊頻帶為 2483.5-2500 MHz；固定鏈結上傳鏈路通訊頻帶為 5.091-5.25 MHz，固定鏈結下傳鏈路通訊頻帶為 6.875-7.055 MHz。

參考文獻

[1] Ray E. Sheriff and Y. Fun Hu, *Mobile Satellite Communication networks*, John Wiley & Sons, LTD, 2001.

[2] John Farserotu and Ramjee Prasad, *IP/ATM Mobile Satellite Networks*, Artech House, 2002.

[3] Timothy Pratt, Charles Bostian and Jeremy Allnutt, *Satellite Communications*, John Wiley

& Sons, 2003.

[4] Mullins, D.R.; El Amin, M.; Poskett, P, " INMARSAT 3 communications system require-ments," *IEE Colloquium on INMARSAT-3*, pp.2/1~2/6, 1991.

[5] Kinal, G.V.; Nagle, J.; Lipke, D.W.," INMARSAT integrity channels for global navigation satellite systems," *IEEE Aerospace and Electronic System magazine*, pp.22-25, 1992.

[6] Wood, P., "Mobile satellite services for travelers, "*IEEE Communication magazine*, pp. 32-25, 1991.

[7] *Project 21:The Development of Personal Mobile Satellite Communications, Inmarsat*, March, 1993.

[8] L. Vandebrouck, "EUTELSAT Development Plans in Mobile Satellite Communications," *Proceedings of 5th International Mobile satellite Conference*, Pasadena, 16-18, pp.449-502, 1997.

[9] http://www.thuraya.com.

[10] W. Newland, "AUSSAT Mobileast System Description, " *Space Communications*, 8(1), December, pp.37-52, 1990.

[11] S. Mazur, "A Description of Current and Planned Location Strategies within the OR-BCOMM Network," *International Journal of Satellite Communications*, 17(4), 1999.

[12] Leopold and Miller, "The IRIDIUM Communications System," *IEEE Potentials*, pp.6-9, 1993.

[13] E. F. Charles LaBerge, "System Design Considerations for The Development of IRIDIUM World Air Services," *IEEE Digital Avionics Systems Conference*, 1999.

[14] Carl E. Fossa, Richard A. Raines, Gregg H. Gunsch, Michael A. Temple, "An Overview of The IRIDIUM Low Earth Orbit satellite System," *IEEE Aerospace and Electronics Confer-ence*, 1998.

[15] Yvette C. Hubbel, "A Comparison of the IRIDIUM and AMPS Systems," *IEEE Network*, pp.52-59, 1997.

[16] http://www.thuraya.com

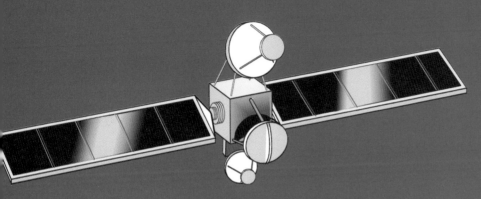

第三章
通訊通道

在第一、二章我們已對蜂巢式行動通訊系統和行動衛星通訊系統的演進作介紹。接下來我們將針對訊號的傳輸媒介，通道進行介紹。通訊的目的在於將所要傳輸的訊號，由傳輸機正確無誤的傳遞到接收機。在傳遞的過程中，為了使訊號可以傳遞的更遠，常需要將信號載送在傳播媒介上，而在現在的通訊系統當中，傳播媒介可以包括：雙絞線、同軸電纜、光纖、電磁波和水。這些傳播媒介會隨著距離的增加，減損信號強度，也會在傳輸的過程中遭遇其他系統、大氣雜訊、太陽雜訊……等白色高斯雜訊的干擾，和導因於反射、繞射現象的多路徑干擾效應，和由於使用相鄰通道和相同通道的相鄰通道干擾效應和同通道干擾效應。在這個章節，我們將對傳輸通道的特徵，進行介紹。

第一節　傳輸失真（Transmission Loss）

任何的通訊系統所傳遞的訊號與所接收的信號，會隨著傳輸的失真而有所差異，對於類比訊號而言，傳輸失真會降低訊號品質，對於數位訊號而言，傳輸失真會增加通訊系統的傳輸位元錯誤率。一般言之，傳輸失真可分為**衰減失真**（attenuation distortion）和**雜訊**（noise）……等二類，茲分述如下：

3.1.1　衰減失真（attenuation distortion）

訊號在媒體中傳輸，會隨著傳輸距離的增加而遞減，假若是有線傳輸，這種衰減可以用分貝（dB）來描述；假若是無線傳輸，則衰減效應與距離、地形和空氣中的成分都有關係。一般言之，在太空中，衰減效應所造成的信號衰減量與距離的平方成反比；在都市的環境中，信號衰減量則與距離的四次方成反比。

3.1.2　雜訊（noise）

在通訊系統中，傳送的訊號會由於一些本身的因素造成失真，也會在傳送過程中與雜訊加成在一起，形成訊號的失真。因此實際所接收到的信號除了原本傳輸的訊號外，還要加上失真的部分與雜訊的部分。雜訊可以分成（i）熱雜訊（thermal noise）和（ii）脈波雜訊（impulse noise）等二類。

(i) 熱雜訊（thermal noise）：電子（electrons）受熱影響而產生的雜訊，在各種電子儀器與傳輸介質上都會有這樣的現象。熱雜訊均勻分布於頻譜上，也稱為白雜訊。由於其統計特性為高斯分布，因此又稱為白色高斯雜訊。通常白色高斯雜訊無法被移除，形成通訊系統效能的設計限制。

(ii) 脈波雜訊（impulse noise）：前面介紹的白色高斯雜訊比較容易預期與估計，脈波雜訊是因為一些無法預期的因素而造成的，例如閃電或其他通訊系統的干擾。脈波雜訊發生的時間短，但是幅度較大，對於類比訊號影響較輕微，但對於數位信號可能產生嚴重的傳輸位元錯誤。

第二節　無線電波傳遞的原理與特性

無線通道並不會像有線通道一樣，存在較少的通道干擾現象。實際上，無線通道存在有許多的干擾與不確定性，比較難以分析。通常我們會以統計與實地測試的方式配合適當的模型來瞭解無線電磁波傳遞的特性。無線電磁波載送訊號雖然是在開放的空間中進行，仍然會遭遇到障礙物。假如無線電磁波傳遞的過程中，沒有任何障礙物，則接收機可以接收到直接波（line-of-sight, LOS），如圖3.1所示。假若因為障礙物而導致電磁波產生反射（reflection）、繞射（diffraction）、折射（refraction）與散射（scattering）等現象，那麼接收機將無法接收到直接波（non-line-of-sight, N-LOS）。

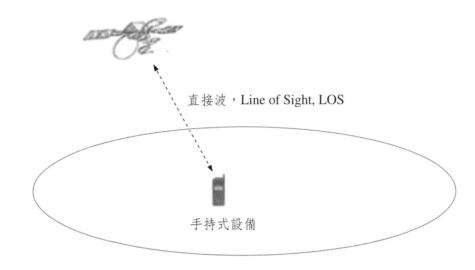

直接波，Line of Sight, LOS

手持式設備

圖 3.1　直接波

　　我們可以把無線電訊號的傳遞狀況分成兩類，即大範圍的傳遞模型（large-scale propagation model）和小範圍的傳遞模型（small-scale propagation model）。大範圍的傳遞模型主要用以估測傳輸機和接收機距離不限定之下的預測信號平均信號強度，可分為室內環境和室外環境。 圖 3.2 描述傳輸信號功率隨著距離 r 的增加而遞減的大範圍傳遞模型。小範圍的傳遞模型（small-scale propagation model）主要在估測較短距離內（例如數個波長）或比較短的時間內（例如數秒）所收到的訊號強度變化。主要與信號的多路徑傳遞特性、行動平臺的移動速度，以及訊號的頻寬有關。

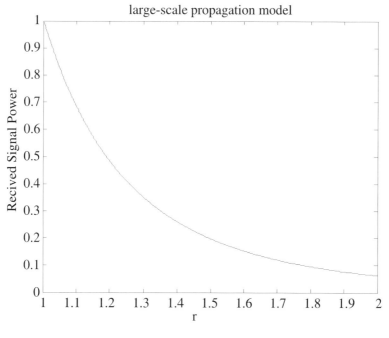

圖 3.2　大範圍傳遞模型

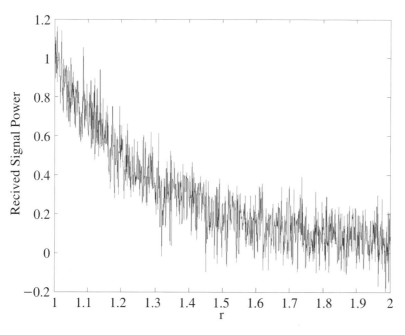

圖 3.3　大範圍傳遞模型結合小範圍傳遞模型

3.2.1 大範圍傳播模型

路徑衰減（path loss）是無線通訊裡最複雜的問題，主要是因為傳輸機與接收機之間的狀況太多了，而且會隨著時間進行動態變化。**傳遞模型**（propagation model）通常是用來估測距離傳輸機多遠時所接收到的平均訊號強度。以大範圍的傳遞情況來說，我們需要知道在各種比較大的傳輸接收機距離時訊號的強度。

當我們探討無線電波傳遞的衰減（fading）時會以直接波（LOS）的假設來導出一個簡單的關係，也就是所謂的自由空間裡的傳遞模型（free space propagation model）。行動衛星通訊與微波通訊即屬於此種類型的傳遞。假若非直接波（N-LOS）的情況比例愈高，衰減的幅度也會愈高。在各種無線通訊的網路中，無線電磁波的傳遞以直接波伴隨著非直接波的情況居多，因此有很多模型試著要找出預測無線電磁波因傳遞路徑而產生的衰減現象。

3.2.1.1 自由空間裡的傳遞模型（free space propagation model）

自由空間裡的傳遞模型假設接收端與傳送端之間有直接波的通訊路徑，行動衛星通訊即是其中的一個例子。無線電磁波的衰減與載波頻率，以及傳訊雙方的距離有關，接收端天線收到的訊號平均能量可以用下面的公式來表示：

$$P_r = P_t \left[\frac{\lambda}{4\pi d} \right]^n g_t g_r \qquad (3.1)$$

這裡，P_t 為傳輸的信號能量，P_r 為接收的訊號能量，λ 為載波信號的波長，d 為傳輸接收機間的距離，g_r 為接收機的接收天線增益，g_t 為傳輸機的傳輸天線增益。接收的訊號能量強度與載波訊號波長的 n 次方成正比，所以傳輸的載波頻率愈高，訊號衰減幅度愈大。同時接收的訊號能量強度亦與傳輸接收機間的距離倒數的 n 次方成正比，因此傳輸接收機間的距離愈遠，接收的訊號能量強度愈小。

3.2.1.2 無線電磁波傳遞現象

　　繞射（diffraction）或稱為屏蔽衰減現象（shadow fading）、散射（scattering）與反射（reflection）是無線電磁波傳遞的 3 種基本現象。不論是大範圍的傳遞情況或者是小範圍的傳遞情況均和這些現象有關，而多路徑效應也是由這些現象所形成。

繞射：當無線電波的直接波遇到無法穿透的障礙物時，會造成僅有部分的電磁波繞射後到達接收端，因此接收到的電磁波強度比直接傳送沒有障礙物的情況要小。造成繞射的表面通常是尖銳而不規則的邊[3]，如圖3.4所示。

散射：當電磁波遇到比較小的無法穿透的障礙物時，會產生散射的情況，效應與繞射類似，障礙物的大小比電磁波的波長要小，同時單位空間內障礙物的數目很多，例如路燈、紅綠燈與樹葉等，是可能造成散射的物體[3]，如圖 3.5 所示。

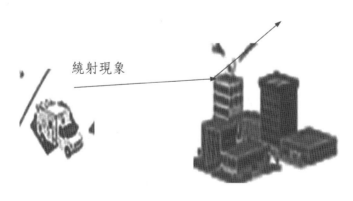

繞射現象

圖 3.4　**繞射現象**

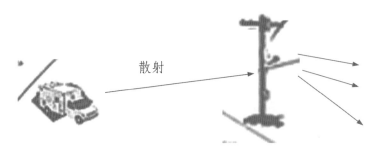

圖 3.5　散射現象

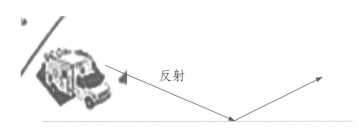

圖 3.6　反射現象

反射：當電磁波遇到大障礙物時，例如牆壁、地球表面與建築物等，遠比電磁
　　　波的波長要巨大，則電磁波會反射，形成多路徑[3]。

3.2.1.3　室內的傳播模型

　　電磁波在室內傳遞的情況很多，例如大型商場、辦公大樓等，這些建築物
內有許多物體會造成電磁波的反射、繞射或散射。建築物內的陳設有一些不同
情況，例如沒有隔間的大房間、很多隔間的小房間、房間內具有不同數目的障
礙物。除了隔間和障礙物之外，建材也可能是影響電磁波傳遞的因素之一。因
此，我們可以將室內的傳播模型分為：(i)廣大區域，(ii) 大區域，(iii)中等大小
的區域，和(iv)小區域等四類。

　　(i)　廣大區域：在廣大區域的傳播環境中，我們可以在建築物外架設基地

臺，處理建築物內的通訊。適用情況包含有許多小辦公室的建築物或是多個相連的建築物[4]。

(ii) 大區域：建築物本身很大，但人口密度低，在這樣的傳播環境中可以在建築物內建置基地臺，訊號的接收端與發送端可能在不同樓層[3]。

(iii) 中等大小的區域：建築物本身很大，但人口密度高，一般的購物中心就有這樣的特徵，數個基地臺可以建置在建築物的結構內[3]。

(iv) 小區域：有些建築物有很多小隔間，訊號的傳遞受牆壁與隔間建材的影響，使得每個房間均需建置基地臺[3]。

3.2.1.4　室外的傳播模型

室外的無線電傳遞會受到不規則地形的影響，例如多山的起伏區域就跟一般的地表不同，地上的樹與建築物等也都有影響。大多數的傳播模型是依據實測資料來進行描述，我們將在後面的章節進行介紹。

3.2.2　小範圍傳播模型

傳輸的減損隨距離與時間的改變的現象可以用衰減（fading）現象來進行描述。當訊號離開發送器以後，會在經過路徑上受各種物體影響而產生繞射、反射、散射與折射的情況。傳輸訊號的衰減會在一個中間值或平均值附近異動，使得訊號的衰減對於時間或空間的變化形成隨機（random）衰減效應，主要由多路徑現象與都卜勒效應所造成。小範圍的衰減效應主要用來描述無線電訊號在很短的時間或很短的距離內，在振幅、相位或是多路徑的延遲所產生的信號強度變化。因此，在探討小範圍的衰減效應時，我們可以忽略大範圍的路徑衰減效應。實際上，我們所傳遞的訊號受到環境的影響，抵達接收機時會分成好幾個，在不同的時間抵達，所合成的訊號強度主要遭受訊號強度的分布，

以及所傳送訊號頻寬的影響。

在都市地區的通訊環境中，行動平臺的天線通常遠低於周圍物體的高度，基地臺與接收機間不存在有直接波，這是造成衰減的主要原因。即使接收端是固定的，周圍物體的移動一樣會造成衰減，影響衰減的主要因素為：

(i) 多路徑的傳輸：對傳遞產生障礙的物體會分散訊號的能量，單一的訊號變成多個訊號，抵達接收機時互相影響，形成符元間的干擾效應（Inter-Symbol Interference, ISI）。

(ii) 行動平臺移動的速度：基地臺與行動平臺之間的相對速度會造成雜亂的頻率調變，主要是因為都卜勒效應對於多路徑的頻率組成產生不同的影響。

(iii)周圍物體的移動速度：無線電通道內的物體移動會對多路徑的訊號產生都卜勒效應，假如周圍物體的移動速度大於行動平臺的速度，則會造成衰減效應，否則周圍物體的移動速度可以忽略。

(iv)訊號的傳送頻寬：假如傳送的訊號頻寬大於多路徑通道的頻寬，則接收到的信號將會失真。

3.2.2.1　多路徑衰減效應

無線電訊號多路徑產生的原因主要是由於散射、繞射、反射與折射所造成，為無線通訊中嚴重的衰減現象之一。假設訊號經過多路徑後各自獨立地抵達接收端，我們可以把收到的訊號表示成個別訊號的向量和。假設接收端是固定不動的，下面的式子可用來表示收到的訊號：

$$e_r(t) = \sum_{i=1}^{N} a_i P(t - t_i) \tag{3.2}$$

a_i：多路徑訊號組成的振幅

$p(t)$：傳送的脈波形狀

t_i：脈波到達接收端所花的時間

N：各種不同路徑的數目

在多路徑的環境下，衰減會產生頻率擴散（frequency dispersion）的現象，當行動平臺移動時會產生時間擴散（time dispersion）的現象。假設通道的脈衝響應如圖 3.7 所示。則平均延遲（average delay）或稱為 mean excess delay 定義為：

$$\langle \tau \rangle = \frac{\sum_{i=1}^{N} P_i \tau_i}{\sum_{i=1}^{N} P_i} \tag{3.3}$$

P_i：第 i 個路徑所接收的傳輸功率

τ_i：第 i 個路徑所存在時間延遲

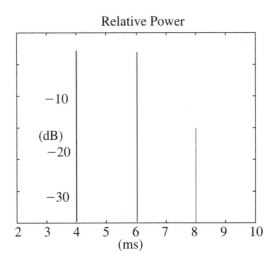

圖 3.7 **通道的脈衝響應**

σ_d 定義為 rms delay（root mean square delay），或稱為 rms delay spread，定義為：

$$\sigma_d = \sqrt{\langle \tau \rangle^2 - \langle \tau \rangle^2} \qquad (3.4)$$

若 $i \neq 1$ 時，$P_i = 0$，則表示只有單一路徑，也就是說 $\sigma_d = 0$，脈波不會擴散；假若很大時，則脈波擴散效應相當嚴重。

3.2.2.2 都卜勒衰減效應

假設一個行動平臺從 A 的位置以 v 的速度移動到 B 的位置，則行動平臺和基地臺間的距離是不同的。兩段距離的差為 $\Delta l = d\cos\theta = v\Delta t\cos\theta$，如圖 3.8 所示。這裡 Δt 是行動平臺從 A 的位置移動到 B 的位置的時間。由於接收距離的改變所造成的接收訊號相位的改變為：

$$\Delta\phi = \frac{2\pi\Delta l}{\lambda} = \frac{2\pi v\Delta t}{\lambda}\cos\theta \qquad (3.5)$$

λ 為載波的波長，則所造成的頻率偏移量為：

$$f_d = \frac{1}{2\pi}\frac{\Delta\phi}{\Delta t} = \frac{v}{\lambda}\cos\theta \qquad (3.6)$$

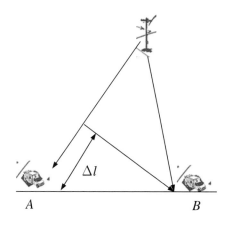

圖 3.8　都卜勒效應

第三節　個人通訊系統設計

　　目前的通訊系統操作在廣範圍的通訊通道，包含有雙絞線、同軸電纜、光纖、水下通道和無線通道。而介於傳輸機和接收機之間的通道，會由於白色高斯雜訊，多路徑干擾效應、相鄰通道干擾效應和同通道干擾效應導致失真。因此，我們在設計個人通訊系統時，需要對通道特徵瞭解的相當清楚，到底傳輸通道中存在有怎樣的干擾現象，造成訊號的失真。我們需要在傳輸接收機中採用何種的通訊及訊號處理的技術，諸如：考慮何種形式的調變、通道編碼技術，是否採用等化器的多路徑干擾消除技術或者是多輸入多輸出……等的機制，來降低通道衰減效應，以符合系統傳輸速率、傳輸位元錯誤率、傳輸功率、傳輸頻寬、傳輸接收機成本及複雜度……等的服務品質需求。假若傳輸通道沒有嚴重的衰減通道，則傳輸接收機的設計就可以簡單許多。對於傳輸通道特徵的充分瞭解，也將決定傳輸接收機設計的成功與否。我們可以把個人通訊系統設計分成：(i)通道特徵分析，(ii)行動通訊系統分析，(iii)通訊模型的建立，(iv)行動通訊系統模擬，(v)行動通訊系統的實現，以及(vi) 行動通訊系統的場測等六個部分來進行討論。

(i)　通道特徵分析：在行動通訊初始設計分析階段，一般使用統計模型來描述存在於傳輸機和接收機的傳輸媒介特徵，即是通道特徵。在此階段，我們會使用數學來描述通道的輸入和輸出之間的關係，例如包含有直接波的 Ricean 分布、沒有直接波的 Rayleigh 分布和描述雜訊的高斯分布。我們可以使用隨機過程來描述通道特徵，把多路徑通道視為一線性時變的系統，具有脈衝響應 $e_r(t)$，如 3.2 式所示。$e_r(t)$ 是一個複數的隨機過程，實數和虛數的部分均為高斯分布的隨機變數。若 $e_r(t)$ 為零平均，則 $R = |e_r(t)|$ 是一個 Rayleigh 的機率密度函數，描述為：

$$f_R(r) = \frac{r}{\sigma^2} e^{-\frac{r}{2\sigma^2}} \quad\quad\quad (3.7)$$

σ^2 為 $e_r(t)$ 實部和虛部部分的變異數。σ^2 可藉由通道量測而得。若 $e_r(t)$ 為非零平均,則 $R = |e_r(t)|$ 是一個 Ricean 的機率密度函數,可描述為:

$$f_R(r) = \frac{r}{\sigma^2} I_0\left(\frac{Ar}{\sigma^2}\right) e^{-\frac{r^2+A^2}{2\sigma^2}} \quad\quad\quad (3.8)$$

這裡,A 是 $e_r(t)$ 的非零平均值。$I_0(z)$ 為修正的貝索函數。

$$I_0(z) = \frac{1}{2\pi} \int_0^{2\pi} e^{z\cos(u)} du \qu\quad\quad (3.9)$$

K 為 Ricean 因子,描述為:

$$K = \frac{A^2}{\sigma^2} \qu\quad\quad (3.10)$$

若 $K \gg 1$,則衰減效應較小,若 $K \ll 1$,則衰減效應大,一般衛星通訊系統的 K 值為 12-15dB。

(ii) 行動通訊系統分析:在瞭解通道特徵之後,我們可以快速的以分析的方式,來瞭解採用何種形式的調變、通道編碼技術時,系統的效能為何,是否能夠符合系統的傳輸速率、傳輸位元錯誤率……等的服務品質需求。

(iii) 通訊模型的建立:在對行動通訊系統進行分析之後,我們通常會藉由更精準的通道模型建立,以模擬的方式,進一步的來驗證我們所設計的行動通訊系統是否符合系統的服務品質需求。在此階段，我們使用通道量測技術來描述通道的輸入和輸出之間的關係。我們可以在頻率和時間領域，對通道的特徵進行量測。並將量測的資料，建成資料庫，用以描述通道特徵。當量測的通道模型相當接近於實際傳輸通道時，我們可以設計相當精準的行動個人通訊系統。表 3.1 則為第三代寬頻分碼進接多工系統的通道特徵參數。我們也可以藉由通道特徵分析所描述的 Ricean 分布、Rayleigh 分布和高斯分布，結合通道量測技術，選定通道特徵參數，使用隨機過程模型，進行模擬。

(iv) 行動通訊系統模擬：在建立精確的通道模型資料庫後，我們可以藉由模擬的方式來驗證我們所設計和分析的個人行動通訊系統。

(v) 行動通訊系統的實現：最後將我們所分析及模擬的個人行動通訊系統，藉由晶片實現的方式，完成測試原型機。

表 3.1 第三代寬頻分碼進接多工系統的通道特徵參數[1]

室內		3 km/hour		120 km/hour	
Delay (ns)	Power (dB)	Delay (ns)	Power (dB)	Delay (ns)	Power (dB)
0	0	0	0	0	0
244	−9.6	244	−12.5	244	−2.4
488	−35.5	488	−24.7	488	−6.5
				732	−9.4
				936	−12.7
				1220	−13.3
				1708	−15.4
				1953	−25.4

(vi)行動通訊系統的場測：將測試原型機置於實際通訊環境當中，驗證是否符合系統的設計需求，並進行最後一次的修正，經由步驟一至六的反覆設計、驗證及修正，一個個人行動通訊系統方能設計完成，我們再次強調，對傳輸通道特徵瞭解的愈多，傳輸接收機的設計愈容易成功。

參考文獻

[1] William H. Tranter, K. Sam Shanmugan, Theodore S. Rappaport and Kurt L. Kosbar, *Principles of Communication Systems Simulation with Wireless Applications*, Prentice Hall, 2004.

[2] Rodger E. Ziemer and William H. Tranter, *Principles of Communications*, John Wiley & Sons, INC, 2002.

[3] 顏春煌，行動與無線通訊，金禾出版社，2004。

[4] W.C.Y. Lee, *Mobile Cellular Telecommunications System*, McGraw-Hill International Editions, 1989.

[5] William Stalling, *Wireless Communication and Networks*, Prentice-Hall, 2005.

[6] 余兆堂、林瑞源、繆紹綱，無線通訊與網路，倉海書局，2002。

[7] V. K. Garg, and J. E. Wilkes, *Wireless and Personal Communications systems*, Prentice-Hall, 1996.

[8] Michel Daound Yacoub, *Fundations of Mobile Radio Engineering*, CRC Press, 1993.

[9] 斐昌幸、聶敏、岳安軍譯，行動通信原理，五南圖書，2005。

[10] Theodre. S. Rappaport, *Wireless Communication : principles and practice*, Prentice Hall PTR, 2002.

[11] P. A. Bello, "Characterization of Randomly Time-Variant Linear Channels," *IEEE Transactions on Communication systems*, vol. 11, No.4, pp. 360-393, 1963.

[12] B. Glance and L. J. Greenstein, "Frequency Selective Fading Effects in Digital Radio with Diversity Combining," *IEEE Transactions on Communication systems*, vol. 31, No.9, September , pp. 1085-1094, 1993.

[13] B. Sklar, "Rayleigh Fading Channels in Mobile Digital Communications," Parts I and II, *IEEE Communication Magazine*, vol. 35, pp. 90-110, 1997.

[14] G. D. Durgin, T. S. Rappaport, and D. A. Dewolf, "New Analytical Models and Probability Density Functions for Fading in Wireless Communications," *IEEE Transactions on Communication systems*, vol. 50, No.6, pp. 1001-1015, 2002.

[15] J. B. Anderson, T. S. Rappaport, and S. Yoshida, "Propagation Measurements and Models for Wireless Communications," *IEEE Communication Magazine*, vol. 33, pp. 42-49, 1995.

[16] H. Hashemi, "The Indoor Radio Propagation Channel," *Proceedings of the IEEE*, Vol.81, No.7, pp.943-968, 1993.

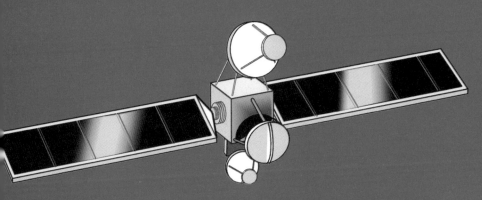

第四章
行動衛星通道

　　在本章中我們將敘述行動衛星系統的通道特徵及其傳播環境。存在於傳輸接收機間的空間，我們稱之為通道。行動衛星網路的通道可以分為**行動通道**（mobile channel）和**固定通道**（fixed channel）兩類。行動通道主要為行動端至衛星間的通訊鏈結；固定通道則為固定地面站至衛星間的通訊鏈結，這兩種通道的區別在於，行動通道的行動端會移動，天線接收設備尺寸較小，因此傳輸機的傳輸功率和接收機的接收天線增益設計，會不同於固定通道。圖 4.1 為行動衛星網路的基本傳輸架構。行動端的操作環境是動態的，相依於傳播環境而改變。其通道環境會影響到服務品質。不同的行動端類型，例如陸地、航空器及船隻，均有其各自的通道特徵。相對而言，固定地面站對衛星的傳輸，可以在所有的時間維持最佳的傳輸品質。一般而言，行動通道在 80%和 90%的時間可以維持通訊的服務品質，固定通道則有 99.9%的時間可以維持通訊的服務品質。

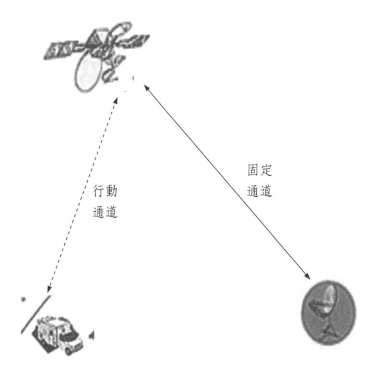

固定
通道

行動
通道

圖 4.1　行動衛星網路基本傳輸架構

第一節　陸地行動衛星通道

　　行動衛星工業發展於 1980 年代中期，在此時開始探討陸地行動衛星通道，包含 UHF 頻帶、L 頻帶、S 頻帶及 Ka 頻帶。陸地行動平臺所接收到的衛星信號包含直接波、散射波與地面反射波三個部分。衛星所傳遞的訊號，會因為障礙物如樹木、建築物的阻隔，產生屏蔽現象，影響通訊品質。衛星訊號也會遭遇周圍環境如樹木、建築物的多路徑反射而造成散射現象。但行動衛星網路並不像陸地的蜂巢式行動通訊系統一樣，系統傳輸效能主要相依於多路徑環境干擾，地面反射波及周圍環境的多路徑反射現象只會造成行動衛星訊號些許的誤差量。行動衛星通道，以傳輸的環境分為：(i)都市環境，無線電波直接波的部分幾乎被屏蔽住，(ii)空曠的地方，存在有直接波訊號，(iii)郊區的環境，訊號會被樹木所遮蔽住。我們可以藉由增加傳輸信號功率的方式來降低環境對信號衰減的影響，使得接收機能夠操作在最小信號強度的需求。一般而言，都市環境會限制行動衛星網路的傳輸品質，相較於郊區傳輸環境信號衰減量增加 6-10dB。我們同時依據訊號傳輸的頻寬特徵，將通道分為窄頻帶通道模組與寬頻帶通道模組。通道模組主要建立在傳輸信號振幅隨著通道變化的情況，用來描述通道特徵，可以使用經驗法則、統計分析和幾何分析來建立。經驗法則是以數學近似區線來符合量測信號，統計分析則使用 Rayleigh、Rician 和 log-normal 的分布描述不同的傳輸環境，常使用於軟體模擬與效能分析；幾何分析則可以藉由傳輸環境的拓樸來瞭解傳輸環境特徵。

4.1.1　經驗法則

　　經驗法則主要是對傳輸環境進行量測，並用數學曲線進行近似。在這個章節，我們將對行動衛星通道進行量測，同時以經驗法則來描述之。我們所舉的例子為**路邊經驗屏蔽模型**（Empirical Roadside Shadowing Model, ERS）[1]，此

模型主要用來描述路邊樹對衛星訊號屏蔽的衰減現象。此模型是根據美國馬里蘭州空曠和郊區環境，量測 L 頻帶衛星和直昇機的通訊情形，衛星所在的仰角為 20 至 60 度的位置。則信號導因於樹木的屏蔽現象所造成的衛星信號衰減量為：

$$A_L(P, \theta, f_L) = -M(\theta)\ln P + N(\theta) \quad \text{(dB)} \tag{4.1}$$

$$f_L = 1.5 \text{ GHz}$$

$$M(\theta) = a + b\theta + c\theta^2$$

$$N(\theta) = d\theta + e$$

這裡 $a = 3.44$，$b = 0.0975$，$c = -0.002$，$d = -0.443$，$e = 34.76$。$A_L(P, \theta, f_L)$ 為衰減值超過 L dB。P 為衛星信號中斷的比例（outage probability）。圖 4.2 顯示 $P = 1\%$、5% 和 10% 時，信號在不同仰角的情況下，所形成的信號衰減量。路邊經驗屏蔽模型可以下面式子的修正，使其適合描述 UHF 頻帶的傳輸環境。

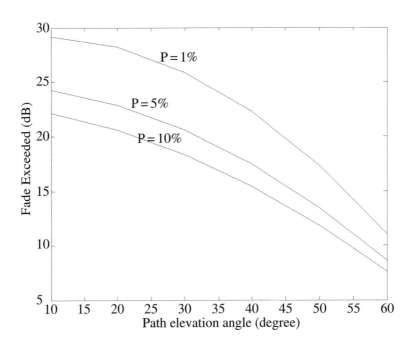

圖 4.2　樹木屏蔽現象所造成的衛星信號衰減量

$$A_L(P, \theta, f_s) = A_{UHF}(P, \theta, f_s) \sqrt{\frac{f_L}{f_{UHF}}} \ (\text{dB}) \qquad (4.2)$$

若操作範圍為 L 頻帶（1.3GHz）到 S 頻帶（2.6GHz），則路邊經驗屏蔽模型修正為：

$$A_s(P, \theta, f_s) \approx 1.41 A_L(P, \theta, f_L) \ \text{dB} \qquad (4.3)$$

若操作範圍為 L 頻帶到 K 頻帶（850MHz～20GHz），則路邊經驗屏蔽模型修正為：

$$A_K(P, \theta, f_k) = A_L(P, \theta, f_L) \exp\{1.5 \ [\frac{1}{\sqrt{f_C}} - \frac{1}{\sqrt{f_k}}]\} \ \text{dB} \qquad (4.4)$$

路邊經驗屏蔽法則相依於環境因素，因此當通訊環境位於歐洲時，則修正為：

$$A_L(P, \theta, f_L) = A(\theta) + B(\theta) \ (\text{dB}) \qquad (4.5)$$
$$A(\theta) = a_1 \theta^2 + a_2 \theta + a_3$$
$$B(\theta) = b_1 \theta^2 + b_2 \theta + b_3$$

這裡，$a_1 = 1.117 \times 10^{-4}$，$a_2 = -0.707$，$a_3 = 6.1304$，$b_1 = 0.0032$，$b_2 = -0.6612$，$b_3 = 37.8581$。若量測地點位於香港，傳輸頻帶為 L、S、Ku 頻帶，傳輸範圍為 1.5-10.5 GHz，當仰視角為 60 度到 80 度時，路邊經驗屏蔽法則修正為：

$$M(P, \theta, f) = a(\theta, f) \ln P + C(\theta, f) \qquad (4.6)$$
$$a(\theta, f) = 0.029\theta - 0.182f - 6.315$$
$$c(\theta, f) = -0.129\theta + 1.483f + 21.374$$

4.1.2 機率密度分布模型

　　機率密度模型可以被使用來描述某些通道特徵，和實際的多路徑現象和屏蔽效應相同。可以使用不同的機率密度模型描述不同的通道特徵，一般常使用 Rician 機率分布描述通道具有直接波，同時多路徑現象是主要的干擾源的情形；Rayleigh機率分布描述通道不具有直接波，同時多路徑現象是主要的干擾源的情形；log-normal 機率分布描述通道直接波被屏蔽住，同時多路徑現象是非主要干擾源的情形。在城市的環境，接收信號中直接波的部分完全被屏蔽住，接收信號主要源於傳輸信號的多路徑部分。接收信號為所有散射、反射、折射和繞射信號的總和，相位均勻分布於 0 至 2π 之間，振幅則為 Rayleigh 機率分布，如（4.7）式所示：

$$P_{Rayleight}(r) = \frac{1}{\sigma_m^2} e^{-\frac{r^2}{2\sigma_m^2}} \qquad (4.7)$$

r 是信號振幅，σ_m^2 為導因於多路徑傳播的平均接收信號散射功率。另導因於行動平臺車速移動所形成的頻率偏移量，我們可以描述為：

$$f_d = \frac{vf_C}{C}\cos\theta_i \text{ Hz} \qquad (4.8)$$

其中 f_C 為載波的中心頻率，v 為行動平臺的移動速度，$c = 3 \times 10^8 \text{m/s}$，$\theta_i$ 為散射波所抵達的角度，均勻分布於 0 至 2π 之間。則最大的都卜勒偏移量為：

$$f_m = \pm\frac{vf_C}{C} \qquad (4.9)$$

接收機所接收到的信號範圍其載波頻率為 $f_C \pm f_m$，功率頻譜密度為：

$$S(f) = \frac{\sigma_m^2}{\pi f_m}\left[1 - \left(\frac{f - f_C}{f_m}\right)^2\right]^{\frac{1}{2}} \quad (4.10)$$

當接收信號具有直接波成分，同時直接波部分接收信號功率為 $\frac{A^2}{2}$，這時的振幅機率分布為 Rician：

$$P_{Rice}(r) = \frac{r}{\sigma_m^2}e^{-\frac{r^2 + A^2}{2\sigma_m^2}}I_0\left(\frac{rA}{\sigma_m^2}\right) \quad (4.11)$$

$I_0(.)$ 是第一類修正貝索函數，當 Rician 機率分布的 $A = 0$ 時，即接收信號中沒有直接波的成分，振幅機率分布將為 Rayleigh。因此，Rayleigh 振幅機率分布是 Rician 機率分布的一個特例。對於直接波被屏蔽住，同時接收的信號中，多路徑效應並不明顯的通道現象，我們可以使用 log-normal 機率分布來描述接收信號的振幅值，如方程式（4.12）所示：

$$P_{log-normal}(r) = \frac{1}{\sigma_s r \sqrt{2\pi}}e^{\frac{(\ln r - u_s)^2}{2\sigma_s^2}} \quad (4.12)$$

σ_s 為直接波信號被屏蔽部分的標準差，μ_s 為直接波信號被屏蔽部分的平均值。log-normal 機率分布和 Rayleigh 振幅機率分布的區別在於，log-normal 機率分布主要用來描述直接波信號被屏蔽部分的散射信號，而 Rayleigh 振幅機率分布則主要用來描述未具有直接波部分的多路徑信號。

第二節　航海行動衛星通道

　　行動衛星通訊業務起始於航海的部分。其傳輸環境包含太空到海之間的通道現象。航海鏈結的信號衰減現象包括：(i)雨量衰減效應、空氣的吸收、折射、星光的閃耀、低仰角時所造成的不規則傳播現象，均會造成訊號的失真；

(ii)電離層效應；(iii)船移動時所造成的都卜勒現象；(iv)各種海象情況；(v)海平面反射所造成的多路徑干擾現象。除非為低仰角，否則載波中心頻率在1GHz以下，大氣所造成的信號衰減量可以被忽略；載波中心頻率在 1GHz～10GHz頻帶時，大氣所造成的信號衰減量相當的小；但是當載波中心頻率大於 10GHz以上時，大氣成為信號衰減量的一個因素，我們在設計行動衛星通訊系統時，是需要考慮的。接下來，我們將對載波中心頻率在 0.8～8GHz，衛星仰角藉於 5 度至 20 度的海平面反射所導致的信號衰減現象進行介紹[5]。首先，主波（main lobe）的天線幅射（radiation）部分，如方程式（4.13）所示：

$$G(\theta) = -4 \times 10^4 (10^{G_m/10} - 1)\theta^2 \text{ (dBi)} \tag{4.13}$$

這裡，G_m 為最大天線增益值(dBi)。θ 為仰角的角度，浪高假設為 1 至 3 公尺。

步驟一：使用（4.13）式找到相對應的天線增益 G。

步驟二：計算海平面 Fresnel 反射係數，R_C

$$\theta_i = \theta/2$$

$$R_C = \frac{R_H + R_V}{2} \quad \text{(circular polarization)} \tag{4.14a}$$

$$R_H = \frac{\sin\theta_i - \sqrt{\eta - \cos^2\theta_i}}{\sin\theta_i + \sqrt{\eta - \cos^2\theta_i}} \quad \text{(horizontal polarization)} \tag{4.14b}$$

$$R_V = \frac{\sin\theta_i - \sqrt{\eta - \cos^2\theta_i/\eta^2}}{\sin\theta_i + \sqrt{\eta - \cos^2\theta_i/\eta^2}} \quad \text{(vertical polarization)} \tag{4.14c}$$

$$\eta = \varepsilon_r(f) - j60\lambda\sigma(f) \tag{4.14d}$$

這裡，$\varepsilon_r(f)$ 為載波中心頻率 f 時，海平面所對應的電容率，$\sigma(f)$ 為載波中心頻率 f 時，海平面所對應的電感率，λ 為載波的波長。

步驟三：發現正規化散射係數，η_I。η_I 相依於海平面所對應的電感率和衛星仰角，分布於 -10dB 至 6dB 之間。

步驟四：海平面相對於直接波而言，反射波的功率為：

$$P_r = G + R + \eta_l \text{ dB} \tag{4.15}$$

$$R = 20\log|R_C| \text{ dB}$$

步驟五：假設信號振幅為 Nakagmi-Rice 分布，則衰減係數為：

$$A + 10\log(1 + 10^{P_r/10}) \tag{4.16}$$

這裡，A 為直接波的信號強度。

第三節　Ka 頻帶降雨量衰減效應

　　1995 世界無線會議（World Radio Communications Conference-95）已經制定 Ka 頻帶為下一世代個人衛星行動通訊系統的傳輸頻帶。其原因在於原本的 L 頻帶、Ku 頻帶存在有許多現存的衛星通訊系統。而目前 Ka 頻帶所使用的衛星通訊系統較少，因此使用上鏈路系統傳輸頻寬和下鏈路系統傳輸頻寬均為 250 MHz 的 Ka 頻帶設計下一世代個人衛星行動通訊系統。但傳輸在 Ka 頻帶的無線電波信號能量會被水分子吸收，降低接收的信號功率。因此，傳遞在 Ka 頻帶的無線電波具有著名的降雨量衰減效應。我們可以使用 ITU-R Rec. 618-6 模型[6]來介紹 Ka 頻帶降雨量衰減效應。ITU-R Rec.618-6 模型主要描述年降雨機率為 0.01% 至 10% 之間的通道環境。傳輸頻帶為 4GHz 至 35GHz，則降雨量衰減效應敘述如下：

步驟一：傾斜路徑等效長度（slant-path length）L_s 可以從（4.17）方程式觀察而得。

$$L_S = (h_R - H_s)/\sin\theta \ \ [\text{km}] \tag{4.17}$$

這裡，h_R 為降雨的高度，H_s 為行動平臺所在位置的高度，θ 為仰視角。如果仰視角小於 5 度，則傾斜路徑等效長度 L_s 可以修正為：

$$L_s = \frac{2(h_R - H_s)}{\left[\sin^2\theta + \dfrac{2(h_r - H_s)}{R_e}\right]^{1/2} + \sin\theta} \ [\text{km}] \tag{4.18}$$

這裡 R_e 為地球半徑 8500km。

步驟二：觀察垂直映射長度 L

$$L = L_s\cos\theta \tag{4.19}$$

步驟三：觀察降雨量衰減因子 $\gamma_{0.01}$[dB/km]

$$\gamma_{0.01} = k(R_{0.01})^a \tag{4.20}$$

這裡 $R_{0.01}$[mm/h] 為每小時的降雨量，同時一年中有 0.01% 機率會下雨。k 和 α 是計算降雨量衰減因子參數，相依於操作頻率，可由（4.21）式[7]觀察而得。

$$k = [k_H + k_V + (k_H - k_V)\cos^2\theta\cos(2\tau)]/2$$
$$\alpha = [k_H\alpha_H + k_v\alpha_v + (k_H\alpha_H - k_v\alpha_v)\cos^2\theta\cos(2\tau)]/2k \tag{4.21}$$

這裡 τ 為相對於垂直的極化角（polarization titl angle），若為 45 度，則為環形極化（circular polarization）。k_H、k_V、α_H 和 α_V 參數如表 4.1

表 4.1　Ka 頻段 k_H、k_v、α_H 和 α_V 參數 [6]

f(GHz)	k_H	α_H	k_V	α_V
20	0.0631	1.1	0.0572	1.07
21	0.0708	1.09	0.0641	1.07
22	0.0791	1.09	0.0716	1.07
23	0.0879	1.09	0.0793	1.06
24	0.0975	1.09	0.0877	1.06
25	0.108	1.08	0.0966	1.06
26	0.119	1.08	0.106	1.06
27	0.13	1.07	0.116	1.05
28	0.143	1.07	0.127	1.05
29	0.156	1.06	0.138	1.04
30	0.17	1.06	0.15	1.04

所示。

步驟四：計算垂直路徑調整參數

$$rh_{0.01} = \frac{1}{1 + 0.78\sqrt{\dfrac{L\gamma_{0.01}}{f}} - 0.38[1 - \exp(-2L)]} \tag{4.22}$$

f 為載波頻率。

步驟五：計算調整降雨路徑高度 L_r[km]

$$L_r = \frac{Lrh_{0.01}}{\cos\theta} \quad \zeta > 0 \tag{4.23}$$

$$L_r = \frac{h_R - H_s}{\sin\theta} \quad \zeta \leq \theta$$

$$\zeta = \arctan\left(\frac{h_R - H_s}{Lrh_{0.01}}\right)$$

步驟六：計算垂直衰減因子（vertical reduction factor）$\gamma v_{0.01}$

$$\gamma v_{0.01} = \frac{1}{1 + \sqrt{\sin\theta}\left[31(1 - e^{-\theta/[1+\chi]})\frac{\sqrt{L_r\gamma_{0.01}}}{f^2} - 0.45\right]}$$

$$\chi = 36 - |\lambda| \quad |\lambda| > 36°$$

$$\chi = 0 \quad |\lambda| \geq 36° \tag{4.24}$$

這裡 λ 是行動平臺所在位置的緯度。

步驟七：計算等效降雨高度 L_e[km]

$$L_e = L_r r v_{0.01} \tag{4.25}$$

步驟八：計算信號衰減量

$$A_{0.01} = \gamma_{0.01} L_e \tag{4.26}$$

步驟九：當年降雨機率由 0.01% 逐漸增加為 10% 時，信號衰減量將修正為：

$$A_s = A_{0.01}\left(\frac{P}{0.01}\right)^{-[0.655 + 0.033 \in P - 0.045 \in A_{0.01} - z\sin\theta(1 - P)]} \tag{4.27}$$

這裡 p 為年降雨機率。參數 z 如方程式（4.28）所示。

$$z = 0 \quad \text{for } |\lambda| \geq 36° \tag{4.28}$$

$$z = -0.005\,(|\lambda| - 36) \quad \text{for } \theta \geq 25° \quad \text{and} \quad |\lambda| < 36°$$

$$z = -0.005\,(|\lambda| - 36) + 1.8 - 4.25\sin\theta \quad \text{for } \theta < 25° \quad \text{and} \quad |\lambda| < 36°$$

參考文獻

[1] Ray E. Sheriff and Y. Fun Hu, *Mobile Satellite Communication networks*, John Wiley & Sons, LTD, 2001.

[2] John Farserotu and Ramjee Prasad, *IP/ATM Mobile Satellite Networks*, Artech House, 2002.

[3] Timothy Pratt, Charles Bostian and Jeremy Allnutt, *Satellite Communications*, John Wiley & Sons, 2003.

[4] Dennis Roddy, *Satellite Communications*, McGraw-Hill, 2006.

[5] ITU-R P.680-3, "Propagation Data Required for the Design of Earth-Space maritime Mobile Telecommunication Systems," 1999.

[6] Cost Action 255, Final Report, "Radiowave Propagation Modelling for SatCom Services at Ku-Band and Above", *European Space Agency*, 2002.

[7] ITU-R, "Specific attenuation model for rain for use in prediction methods", Propagation in Non-Ionised Media, Recommendation 838, Geneva, 1992.

[8] Dissanayake A., Allnutt J., Haidara F., "A prediction model that combines rain attenuation and other propagation that combines rain attenuation and other propagation impairments along Earthsatellite paths", *IEEE Transactions on Antennas and Propagation*, Vol. 45, No. 10, pp. 1546-1558, 1997.

[9] G. E. Corazza, F. Vatalaro,"A Statistical Model for Land Mobile Satellite Channels and its Applications to Non-Geostationary Orbit Systems," *IEEE Transcations on Vehicular Technology*, 43(2), 738-742, 1994.

[10] J. Goldhirsh, W. J. Vogel, "Mobile satellite System Fade Statistics for Shadowing and Multipath from Roadside trees at UHF and L-band," *IEEE Transactions on Antennas and Propagation*, 37(4), pp.489-498, 1989.

[11] J. Goldhirsh, W. J. Vogel, "Propagation Effects for Land mobile satellite Systems:Overview of Experimental and Modelling Results," *NASA Reference Publication 1274*, 1992.

[12] M. Holzbock, C. Senninger, "An Aeronautical Multimedia service Demonstration at High Frequencies," *IEEE Multimedia*, 6(4), pp.20-29, 1999.

[13] M. S. Karaliopoulos, F. N. Pavlidou, "Modelling of the Land Mobile Satellite Channel:A

Review," *Electronics&Communications Engineering Journal*, 11(5), pp.235-248, 1998.

[14] W. C. Y. Lee, Mobile *Cellular Telecommunications Systems*, McGraw-Hill, 1989.

[15] C. Loo, J. S. Butterworth, "Land Mobile satellite Channel Measurements and Modelling," *Preceedings of IEEE*, 8(7), pp.1442-1463, 1998.

[16] C. Loo, "A Statistical Model for a Land Mobile Satellite link," *IEEE Transcations on Vehicular Technology*, 34(3), 122-127, 1985.

[17] E. Lutz, D. Cygan, M. Dippold, F. Doliansky, W. Papke, "The Land Mobile Satellite Communication Channel-Recording, statistics and Channel Model, "*IEEE Transcations on Vehicular Technology*, 40(2), 375-386, 1991.

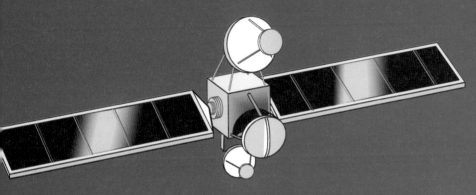

第五章

無線鏈路設計

　　行動衛星網路的系統效能相依於於所接收的訊號功率。正如前面章節所闡述的,行動衛星通道是一個變化較大的室外傳輸環境,如何使用通道編碼機制及適合的調變技術來達成系統的通訊服務品質需求,是我們所思考的。圖 5.1 為行動衛星系統的通訊鏈結,包括傳輸機、接收機和多工架構。訊息位元經由通道編碼機制進行通道保護,經由間隔器增強通道編碼能力,使用調變技術和射頻模組經上鏈路通道傳輸至衛星,藉由衛星轉繼至接收機,接收機進行解調變、反向間隔器和解通道編碼,還原訊息位元。當然並非圖 5.1 上所有的技術都須應用到實際的衛星系統,但有些技術例如調變/解調則是不可或缺的。這些次系統技術、傳輸頻帶和傳輸功率將會直接影響到系統效能,因此在本章節我們將對鏈結分析、通道編碼機制和多工技術進行探討。

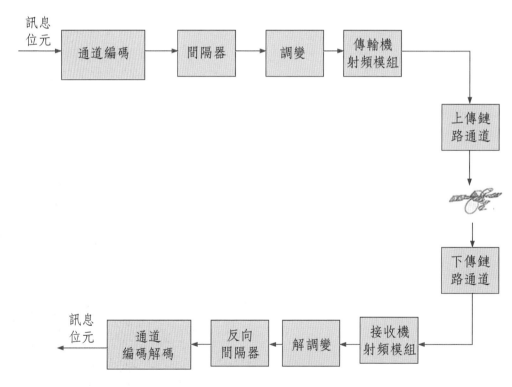

圖 5.1　行動衛星系統通訊鏈結

第一節　鏈結分析

　　鏈結分析是系統設計的基礎，主要在於分析傳輸鏈結的傳輸因子，例如傳輸功率和系統位元錯誤率的關係，以達成行動衛星通訊系統的服務品質需求。在傳輸與接收的鏈結當中，影響接收信號功率的因子包括有：傳輸功率、傳輸接收機間的距離、訊號的傳輸頻帶和傳輸接收機間的天線增益。對於一個理想天線的均勻傳輸功率（power flux density）可以定義為：

$$P_f = \frac{P_t}{4\pi R^2} \ Wm^{-2} \tag{5.1}$$

P_t 為發射功率，R 為傳輸接收機間的距離。實際上，天線朝著想要傳輸的方向 (θ, ϕ) 會有一個天線增益值，定義如下：

$$G(\theta, \phi) = \frac{P(\theta, \phi)}{P_t / 4\pi} \tag{5.2}$$

我們通常定義天線增益最大的方向為 $\phi = 0°$。天線 3dB 的波束寬則定義為信號功率衰減一半的角度。

$$\theta_{3dB} \approx \frac{65\lambda}{D} \tag{5.3}$$

這裡 λ 為電磁波的波長，D 為天線直徑。其 3dB 波束寬特徵如圖 5.2 所示。3-dB 的電磁波束反比於信號頻率與天線直徑。例如，天線直徑為 1 公尺的接收天線操作於 C 頻帶，則 3dB 的電磁波束為 4.9 度，操作於 Ku 頻帶，則 3-dB 的電磁波束為 1.8 度。接收機在距離傳輸機位置 R 公尺處的接收信號功率為：

$$P_r = \frac{P_t G_t A}{4\pi R^2} \; Wm^{-2} \qquad (5.4)$$

這裡我們定義，$P_t G_t$ 為等向幅射功率（effect isotropic radiated power, EIRP），若接收的天線面積為 A，則整體接收信號功率為：

$$P_r = \frac{P_t G_t A}{4\pi R^2} \; W \qquad (5.5)$$

導因於天線反射及天線材質，並不是所有抵達接收端的信號功率均會被接收機天線所接收。因此，實際接收的信號功率為：

$$P_r = \frac{P_t G_t A_e}{4\pi R^2} \; W \qquad (5.6)$$

$$A_e = \eta A$$

η 為天線效率因子，一般接收天線效率為 $50\% \sim 70\%$。

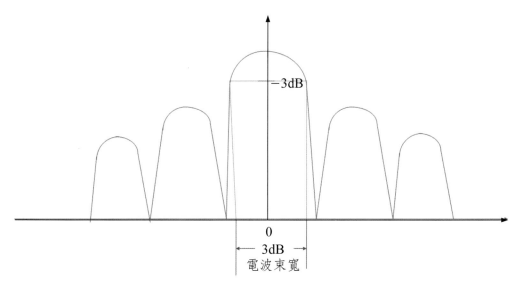

圖 5.2　3dB 波束寬特徵

5.1.1 熱雜訊

一般而言，電子元件在不同溫度下，電子會有不同程度的擾動情況，產生不同的干擾現象，影響天線接收進來的功率。一個典型接收機的射頻架構如圖 5.3 所示。包含天線、損失傳輸鏈結（lossy feeder link）、第一級低雜訊放大器、第一級區域振盪器以及中週放大器。描述熱雜訊的一般式如方程式（5.7）所示：

$$N = kTB \ Watts \tag{5.7}$$

這裡，k 為波茲曼常數，$k = 1.38 \times 10^{-23}$ J/K，T 為元件的雜訊溫度，B 為等效的雜訊頻寬。圖 5.3 之輸出熱雜訊功率為：

$$P_0 = k(T_m + T_1)G_1G_2G_3B + kT_2G_2G_3B + kT_3G_3B \tag{5.8}$$

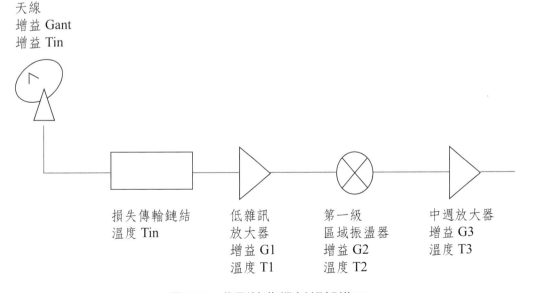

圖 5.3　典型接收機射頻架構[1]

這裡，T_{in}、T_1、T_2 和 T_3 分別為天線和損失傳輸鏈結等效雜訊溫度、低雜訊放大器雜訊溫度、第一級區域振盪器雜訊溫度和中週放大器雜訊瘟度。G_1、G_2 和 G_3 則分別為低雜訊放大器、第一級區域振盪器和中週放大器的增益值。

$$P_0 = kB\left((T_{in} + T_1) + \frac{T_2}{G_1} + \frac{T_3}{G_1 G_2}\right)G_1 G_2 G_3 \quad Watts \qquad (5.9)$$

$$T_e = \left((T_{in} + T_1) + \frac{T_2}{G_1} + \frac{T_3}{G_1 G_2}\right)G_1 G_2 G_3 \quad K$$

因此，整個射頻接收鏈結的雜訊功率 N 為：

$$N = kBT_e \quad Watts \qquad (5.10)$$

一個簡單的方法用來描述元件熱雜訊的影響是藉由雜訊因數（noise figure）F，是被定義為輸入元件的訊號雜訊比除以輸出元件的訊號雜訊比，如方程式（5.11）所示：

$$F = \frac{S_i}{N_i} \bigg/ \frac{S_0}{N_0} \qquad (5.11)$$

第二節　通道編碼機制

在行動衛星系統的設計過程中，衛星訊號經由無線通道進行傳遞，在無線通道中將會遭到各類雜訊的干擾，傳輸位元錯誤將是無法避免。對於多路徑干擾效應我們可以藉由通道估測及等化器技術進行干擾消除的動作，但對於白色高斯雜訊及熱雜訊我們只能藉由：(i)錯誤偵測碼，(ii)錯誤控制機制，(iii)自動重傳要求（Automatic repeat request, ARQ）協定，來處理資料傳輸錯誤。我們將在這個小節進行介紹。

5.2.1 錯誤偵測

錯誤偵測技術之原理敘述如下：假設資料以一個或多個連續的位元序列方式傳送，我們稱之為訊框。傳輸機於給定位元的訊框附加上錯誤偵測位元，這些錯誤偵測位元由其他被傳送的資料位元以某種函數計算得到。一個 k 位元的資訊區塊，其錯誤偵測演算法會產生 $n-k$ 個錯誤偵測位元，其中 $n-k<k$，也稱為檢查位元（check bits）。因此，k 個資訊位元和 $n-k$ 個錯誤偵測位元組成 n 個位元的訊框，然後經由傳輸機傳輸出去。接收機接到訊框之後，分離成 k 個資訊位元和 $n-k$ 個錯誤偵測位元。接收機將資訊位元去執行和傳輸機相同的錯誤檢測計算，並且將計算的值和接收到的錯誤偵測位元進行比較，若不同則表示發生傳輸錯誤。底下我們將介紹常使用的同位元檢查和循環冗碼檢查兩個錯誤偵測技術。值得一提的是，錯誤偵測技術僅具有傳輸位元錯誤的偵測能力，而不具有傳輸位元更正的能力。

5.2.1.1 同位元檢查

將一個同位元檢查碼附加於資訊區塊的最末端，為最簡單的錯誤偵測技術。這個同位元檢查碼的值可以選擇使得傳輸的資訊框架，具有奇數個 1（奇同位）或者是偶數個 1（偶同位）。例如使用奇同位錯誤偵測技術傳輸 101110 資訊時，此時同位元檢查碼為 1，所組成的傳輸資訊框架具有奇數個 1。接收機則依據所接收的資訊框架，若具有奇數個 1 則判斷接收正確，若具有偶數個 1 則判斷發生傳輸錯誤。然而若兩個傳輸位元錯誤同時發生時，同位元檢查錯誤偵測技術無法檢測出錯誤。此錯誤偵測技術可靠度並不高，其原因在於高速資料傳輸系統，傳輸過程中常形成一個以上的傳輸位元錯誤。

5.2.1.2 循環冗餘碼檢查

循環冗餘檢查碼（cyclic redundancy check, CRC）是常見而且功能強大的

錯誤偵測技術，普遍使用於高速資料傳輸無線通訊系統。其主要原理在於給定一個 k 位元的資訊區塊，傳輸機產生 $n - k$ 位元的訊框檢查序列（frame check sequence, FSC），組合成一組可被預定數除盡的 n 位元訊框。接收機將所接收到的訊框除以相同之數，若發生餘數則表示具有傳輸錯誤的發生。我們可以藉由 2-模運算、多項式和數位邏輯三個層面來描述循環冗碼檢查錯誤偵測技術。

5.2.1.2.1　2-模運算

2-模運算使用無進位的二進制加法運算，相當於互斥或閘（exclusive-OR, XOR）運算。在使用 2-模運算觀念敘述循環冗碼檢查錯誤偵測技術前，我們先對參數進行定義：

T：傳送之 n 位元訊框

D：k 位元的資料或訊息

F：$(n - k)$ 訊框檢查序列

P：$(n - k + 1)$ 位元的模式序列，即預定之除數

我們希望 T/P 整除沒有餘數，T、D 和 F 的關係以方程式（5.12）描述之：

$$T = 2^{n-k}D + F \qquad (5.12)$$

D 乘上 2^{n-k} 主要的作用是向左移動 $n - k$ 位元同時原本之位元補零，再加上 F 可得連結訊框 T。假設 $2^{n-k}D$ 除以 P 可得

$$\frac{2^{n-k}D}{P} = Q + \frac{F}{P} \qquad (5.13)$$

會有商數和餘數，因為是基底為 2 的模數運算，其餘數總是會比除數至少少一個位元，這個餘數即為訊框檢查序列。檢查 F 是否滿足 T/P 沒有餘數的條件，

我們驗證：

$$\frac{T}{P} = \frac{2^{n-k}D + F}{P} = \frac{2^{n-k}D}{P} + \frac{F}{P} = Q + \frac{F}{P} + \frac{F}{P} \qquad (5.14)$$

因為 2 的模數運算中，任何二進數加上自己本身會得到 0，因此可以驗證：

$$\frac{T}{P} = Q \qquad (5.15)$$

T/P 可以整除。因此可以相當容易地產生訊框檢查序列 F，即 $2^{n-k}D$ 除以 P 得到 $(n-k)$ 餘數位元當作訊框檢查序列。接收機藉由 T/P 是否整除即可得知傳輸的過程中是否有錯誤發生。

5.2.1.2.2　多項式

　　另一種描述循環冗碼檢查錯誤偵測技術的方法是使用多項式法來進行描述。也就是說，將所有位元值表示成 X 變數的多項式之二進制係數。如方程式（5.16）所描述：

$$\frac{X^{n-k}D(X)}{P(X)} = Q(X) + \frac{F(X)}{P(X)} \qquad (5.16)$$

$$T(X) = X^{n-k}D(X) + F(X)$$

多項式法和 2 的模數法是相近的。只有當 $T(X)$ 可整除 $P(X)$ 時偵測不到錯誤。參考文獻[12][13]顯示下列情況 $T(X)$ 無法被適當的 $P(X)$ 除盡，因此可以偵測出傳輸錯誤。

(i)　假如 $P(X)$ 為一非零多項式時，可以偵測單一位元的傳輸錯誤。

(ii) 只要 $P(X)$ 包含一個三項因式，可以偵測二個位元的傳輸錯誤。

(iii) 只要 $P(X)$ 包含有因式 $(X-1)$，可以檢測任意奇數個位元的傳輸錯誤。

(iv) 任何少於或等於 $(n-k)$ 個位元的連續突發錯誤可以被偵測出來。

(v) $(n-k+1)$ 位元中，連續突發錯誤的片段占 $1-2^{-(n-k-1)}$ 時，錯誤可以被偵測出來。

常用的 $P(X)$ 多項式包含有：

$$
\begin{aligned}
CRC-12 &= X^{12}+X^{11}+X^3+X^2+X+1 \\
CRC-16 &= X^{16}+X^{15}+X^2+1 \\
CRC-CCITT &= X^{16}+X^{12}+X^5+1 \\
CRC-32 &= X^{32}+X^{26}+X^{23}+X^{22}+X^{16}+X^{12}+X^{11}+X^{10} \\
&\quad +X^8+X^7+X^5+X^4+X^2+X+1
\end{aligned}
$$

（5.17）

CRC-12 循環冗碼檢查錯誤偵測技術常使用於 6 位元字符的傳輸，並可產生 12 位元的訊框檢查序列；CRC-16 和 CRC-$CCITT$ 分別使用於美國和歐洲的 8 位元字符的傳輸，兩者都產生 16 位元的訊框檢查序列；CRC-32 則使用在一些點對點的同步傳輸標準中。

5.2.1.2.3　數位邏輯

　　循環冗碼檢查錯誤偵測技術也可以使用 XOR 邏輯閘和移位暫存器所組成的除法電路來進行實現。移位暫存器是一連串的一位元儲存裝置，每個裝置都有輸入和輸出，其輸出表示暫存器目前所儲存的值。利用時脈時序（clock），輸入值會儲存入此裝置，所有暫存器受時序控制同步運作，使資料順著全部的暫存器移一個位元，循環冗碼檢查錯誤偵測技術電路說明如下：

(i) 一個等於訊框檢查序列的$(n-k)$位元暫存器。

(ii) 至多$(n-k)$個 XOR 邏輯閘。

(iii) 依據除數多項式 $P(X)$ 的係數項決定邏輯閘使用與否，但 1 和 X^{n-k} 兩項除外。

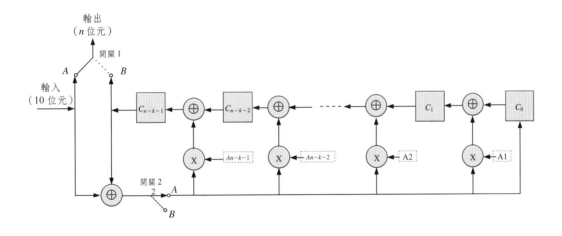

圖 5.4　**一般循環冗碼檢查錯誤偵測技術移位暫存器實現結構**

圖 5.4 描述一般循環冗碼檢查錯誤偵測技術移位暫存器實現結構，其多項式為 $P(X) = \sum_{i=0}^{n-k} A_i X^i$，其中 $A_0 = A_{n-k} = 1$，所有其他 A_i 等於 0 或 1。圖 5.5 則描述多項式 $X^5 + X^4 + X^2 + 1$ 的移位暫存器除法電路。

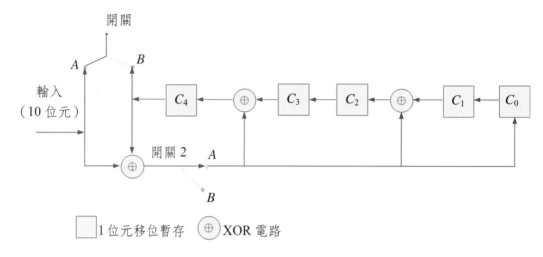

圖 5.5 　多項式的移位暫存器除法電路

5.2.2　自動重傳要求

　　錯誤偵測技術常使用於資料鏈結控制協定，例如 HDLC；和使用於傳輸協定，諸如 TCP。然而，檢測出錯誤時需要將錯誤區塊重傳，在這一節，我們將對自動重傳要求機制進行探討。

5.2.2.1　滑動視窗（sliding-window）

　　當一個訊息，從一個協定實體傳送到另一個協定實體時，我們會將此訊息的資料流進行切割至許多的協定資料單元（protocol data unit, PDU）。接下來將這些協定資料單元予以編號和進行傳輸；接收端則經由傳輸網路接收到這些協定資料單元同時重組回資料流，回覆原來訊息。目前的協定均允許多個協定資料單元同時傳輸，例如，目前有 A、B 兩臺電腦以全雙工鏈結方式連接，B 電腦配置有 W 個協定資料單元緩衝器，這樣 B 能夠接收 W 個協定資料單元，同時 A 可以不用等待任何回覆信號地傳送 W 個協定資料單元。為了追蹤那一個協定資料單元已經確認收到，每一個協定資料單元都標上序號，B 傳送一個協定資料單元之回覆信號給 A，此回覆信號包含下一個應該收到的協定資料單元序號，由這個回覆信號也可以知道 B 已準備好接收後續之 W 個協定資料單元，其序號由回覆信號所指定的序號開始，亦可用於回覆收到多個協定資料單元。舉例言之，B 收到協定資料單元 2、3 和 4 時，並不立即回覆，等到接收協定資料單元 4，B 回傳序號 5 的回覆信號，同時告之 A 已收到協定資料單元 2、3 和 4。這個方法稱為滑動視窗自動重傳要求機制，其架構說明如圖 5.6。

一個稱為背載（piggybacking）的方式能夠有效支援滑動視窗自動重傳要求機制。每一個資料協定資料單元內含協定資料單元序號和回覆序號，如果工作站有資料和回覆信號須傳送，可以用一個協定資料單元一起傳送；如果工作站只有一個回覆信號但是沒有資料傳送，則只傳送一個回覆信號協定資料單元；如果工作站只有資料傳送但沒有新的回覆信號須傳送，則必須重複傳送先

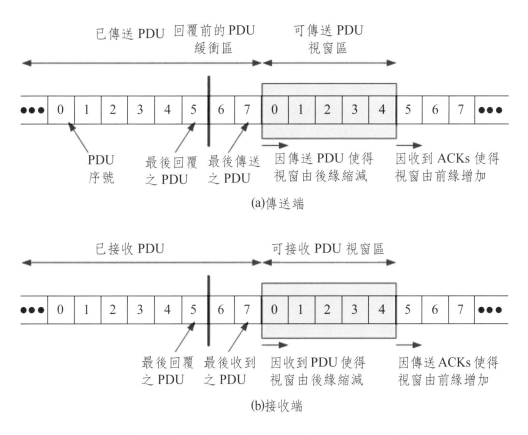

圖 5.6　滑動視窗自動重傳要求機制架構說明

前最後的一個回覆信號，這是因為資料協定資料單元內含回覆信號區域，並且必須放置回覆信號，當工作站收到一個與先前完全一樣的回覆信號時，將會自行刪除（discard）。

5.2.2.2 Go-back-N ARQ

自動重傳要求（automatic repeat request, ARQ）主要作用是把不可靠資料鏈結變成一個可靠資料鏈結。目前常使用的自動重傳要求機制是以滑動視窗為基礎所衍生的 Go-back-N ARQ。在 Go-back-N ARQ 中，工作站可以連續地傳送最多達到最大模數值個數的協定資料單元序列。若使用滑動視窗自動重傳要求機制時，視窗大小決定未完成回覆確認信號的協定資料單元的數目，當沒有錯誤發生時，目的地回傳該輸入的協定資料單元的回覆信號──RR 或背載式回覆信號。如果目的地檢測協定資料單元中有誤，則回傳此協定資料單元的負回覆信號（reject, REJ），目的地刪除該筆錯誤的協定資料單元和後續輸入的所有協定資料單元，直到錯誤的協定資料單元正確被收到為止，同時傳輸站接收到 REJ 負回覆信號，須重送錯誤的協定資料單元以及在此期間已經送出之後續的協定資料單元。

圖 5.7 為 Go-back-N ARQ 傳送協定資料單元流程的一個例子。因為傳播延遲的影響，A 收到一回覆信號前已經多送出兩個後續的協定資料單元，因此 A 收到協定資料單元 5 的 REJ 負回覆信號時，協定資料單元 5、6 和 7 也必須重送，所以發射機必須保留所有未回覆確認收到的協定資料單元備份。

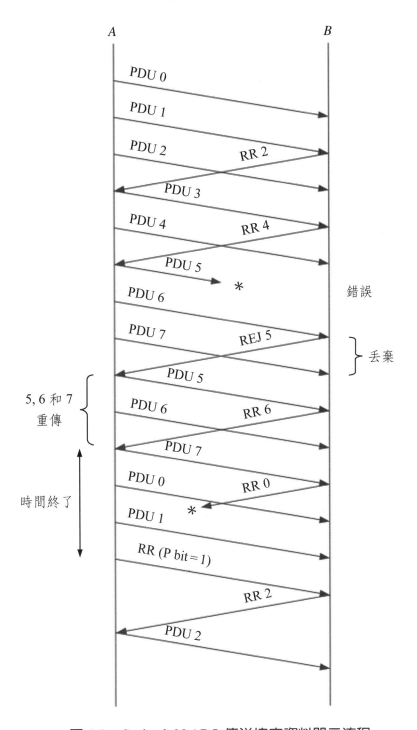

圖 5.7　Go-back-N ARQ 傳送協定資料單元流程

5.2.3 錯誤更正

錯誤偵測搭配自動重傳要求機制是一個相當有用的技術。但是這個機制並不適用於無線傳輸應用，其原因在於：(i)無線傳輸位元錯誤率可能非常的高，將導致大量重傳。(ii)在某些無線傳輸平臺，尤其是行動衛星通訊，傳輸延遲比傳輸單一訊框的時間長，重傳造成一個沒有效率的系統，因此，我們希望接收機能藉由所接收的資料位元來更正錯誤，我們將在本節討論之。

5.2.3.1 線性區塊碼（Linear Block Codes）

線性區塊碼（linear block codes）主要為一個 n 位元區塊，由 k 位元的區塊資料加上$(n-k)$個查核位元所組成。資料位元數和全部位元數的比值 k/n 則定義為碼率（code rate）。在探討線性區塊碼之前，我們先定義漢明距離（Hamming distance）－ $d(v_1, v_2)$。這個距離描述兩個 n 位元之二進制序列 v_1 和 v_2 間不同位元的數目，例如，$v_1 = 011011$、$v_2 = 110001$，則我們可知漢明距離 $d(v_1, v_2)$ 為 3。在瞭解漢明距離的定義，我們進一步來討論最小漢明距離（Minimum Hamming distance）。當考量由 $s = 2^n$ 個字碼 $w_1, w_2,..., w_s$ 組成的線性區塊碼，則最小漢明距離定義為：

$$d_{\min} = \min_{i \neq j} [d(w_i, w_f)] \qquad (5.18)$$

而此線性區塊碼最多所能更正的錯誤位元為：

$$t = \left[\frac{d_{\min} - 1}{2} \right] \qquad (5.19)$$

這裡，$[x]$ 表示為不超過 x 的最大整數。接下來我們將討論線性區塊碼的產生流程。我們定義 d 為 k 個位元的資訊向量（data vector），G 為產生矩陣（generator matrix），則所產生的線性區塊碼（codeword）c 為：

$$c = dG \qquad (5.20)$$

我們舉一碼率為(4, 7)線性區塊碼的一個例子，其產生矩陣如方程式（5.21）所示。

$$G = \begin{bmatrix} 1 & 0 & 0 & 0 & 1 & 1 & 1 \\ 0 & 1 & 0 & 0 & 1 & 1 & 0 \\ 0 & 0 & 1 & 0 & 1 & 0 & 1 \\ 0 & 0 & 0 & 1 & 0 & 1 & 1 \end{bmatrix} \qquad (5.21)$$

若資料向量為 $d = [1\ 0\ 1\ 0]$，則所產生的字碼為：

$$C = [1\ 0\ 1\ 0] \begin{bmatrix} 1 & 0 & 0 & 0 & 1 & 1 & 1 \\ 0 & 1 & 0 & 0 & 1 & 1 & 0 \\ 0 & 0 & 1 & 0 & 1 & 0 & 1 \\ 0 & 0 & 0 & 1 & 0 & 1 & 1 \end{bmatrix} = [1\ 0\ 1\ 0\ 0\ 1\ 0] \qquad (5.22)$$

觀察所產生的字碼，前四個位元為資料位元，後三個位元為檢查位元（parity bits）。我們將產生矩陣的最後三行定義為 P：

$$P = \begin{bmatrix} 1 & 1 & 1 \\ 1 & 1 & 0 \\ 1 & 0 & 1 \\ 0 & 1 & 1 \end{bmatrix} \qquad (5.23)$$

將 P 轉置後加上單位矩陣，則形成檢查矩陣（parity check matrix），H。

$$H = \begin{bmatrix} P^T & I \end{bmatrix} \qquad (5.24)$$

$$H = \begin{bmatrix} 1 & 1 & 0 & 1 & 0 & 0 \\ 1 & 1 & 0 & 1 & 0 & 1 & 0 \\ 1 & 0 & 1 & 1 & 0 & 0 & 1 \end{bmatrix}$$

則 $GH^T = 0$，同時 $C = dG$，因此若沒有錯誤產生時，則 $CH^T = dGH^T$ 為零，若有傳輸錯誤產生，則傳輸錯誤發生在 $s = C'H^T$。例如原本字元為 $[1\,0\,1\,0\,0\,1\,0]$，結果接收到為 $[1\,0\,1\,0\,1\,1\,0]$，則

$$S = [1\,0\,1\,0\,1\,1\,0] \qquad (5.25)$$

$$H^T = [1\,0\,0]$$

因此錯誤發生於 $e = [0\,0\,0\,0\,1\,0\,0]$，我們將接收向量 $[1\,0\,1\,0\,1\,1\,0]$ 加上錯誤偵測向量 $e = [0\,0\,0\,0\,1\,0\,0]$，即可更正回來原始傳輸字元 $[1\,0\,1\,0\,0\,1\,0]$。

5.2.3.2　循環碼（Cyclic Codes）

我們考慮 n 個位元序列 $c = (c_0, c_1, ..., c_{n-1})$ 是一個字碼，則將 c 向右移一個位置得到的序列 $(c_{n-1}, c_0, ..., c_{n-2})$ 也是一個字碼，具有這樣特性的錯誤控制區塊碼即是循環碼，可以使用線性迴授移位暫存器（LFSRs）來進行編碼與解碼。常見的循環碼包括 BCH（Bose-Chaudhuri-Hocquenhem）碼和 Reed-Solomon 碼。

循環碼和 CRC 錯誤偵測碼產生的方式相同，其差異在於 CRC 錯誤偵測碼的輸入是任一長度並輸出一個固定長度的 CRC 查核位元，而循環碼則輸入 k 個資料位元經由移位暫存器產生 $(n-k)$ 個查核位元，組成 n 個位元的字碼。我們考慮一個 (n, k) 循環碼產生多項式 $P(X)$ 如方程式（5.26）所示：

$$P(X) = 1 + \sum_{i=1}^{n-k-1} A_i X^i + X^{n-k} \qquad (5.26)$$

假設多項式 $D(X)$ 為資料位元，多項式 $C(X)$ 為查核位元，則資料區塊 $D(X)$ 向左移 $(n-k)$ 位元再除以 $P(x)$，產生商 $Q(X)$ 和一個長度 $(n-k)$ 位元的餘數 $C(X)$，循環碼的多項式 $T(X)$ 為：

$$T(X) = X^{n-k} D(X) + C(X) \qquad (5.27)$$

假設有一個或多個傳輸位元發生錯誤，接收區塊 $Z(X)$ 描述如下：

$$\frac{Z(X)}{P(X)} = B(X) + \frac{S(X)}{P(X)} \qquad (5.28)$$

其中 $B(X)$ 為商數，$S(X)$ 為餘數。

$$\frac{T(X) + E(X)}{P(X)} = B(X) + \frac{S(X)}{P(X)} \qquad (5.29)$$

$$Q(X) + \frac{E(X)}{P(X)} + B(X) + \frac{S(X)}{P(X)}$$

$$\frac{E(X)}{P(X)} = [Q(X) + B(X)] + \frac{S(X)}{P(X)}$$

$E(X)/P(X)$ 和 $Z(X)/P(X)$ 產生相同的餘數，因此如果我們可以從 $S(X)$ 得知 $E(X)$，則可以使用方程式（5.30）來更正 $Z(X)$ 的錯誤位元。

$$Z(X) + E(X) = T(X) + E(X) + E(X) = T(X) \qquad (5.30)$$

而我們可以建立 $E(X)$ 對應 $S(X)$ 所有可能值的表格，之後使用查表法即可修正錯誤，圖 5.8 為循環碼編碼器的架構圖。

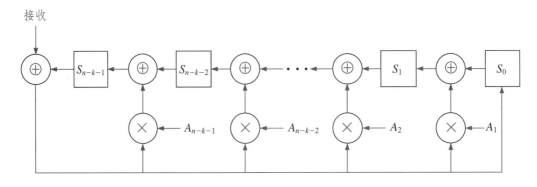

接收

圖 5.8　循環碼編碼器架構圖

對於(n, k)的BCH碼，其字碼長度為$n = 2^m - 1$，檢查位元數為$n - k \le mt$，這裡，t為此字碼的錯誤更正能力。其最小距離為$d_{\min} \ge 2t + 1$。表 5.1 為長度以內的 BCH 碼參數，表 5.2 則列出一些 BCH 碼產生多項式。

而對於(n, k)的 RS 碼而言，其字碼長度為$n = 2^m - 1$，檢查位元數為$n - k = 2t$，這裡，t為此字碼的錯誤更正能力。其最小距離為$d_{\min} = 2t + 1$，相當適合修正突發的連續錯誤之用。

5.2.3.3　摺疊碼（Convolutional Codes）

傳送或接收連續資料流時，大的區塊碼不適合連續的查核和更正錯誤，一種可連續地產生查核碼並更正錯誤的是摺疊碼。摺疊碼並不像線性區塊碼，原來k位元資料會出現在n位元區塊中。摺疊碼演算法將輸入k位元映射到n位元之字碼，原來k位元區塊資料並不會出現在n位元區塊中。

摺疊碼由n、k和K三個參數來定義，一個(n, k, K) 摺疊碼一次處理k位元的輸入資料，並由前$K - 1$個區塊的k位元來決定目前n位元的輸出。圖 5.9 是$(2, 1, 3)$的摺疊碼，使用 3 個移位暫存器將輸入u_n位元轉換成 2 個v_{n1}和v_{n2}輸出位元，其中$v_{n1} = u_n \oplus u_{n-1} \oplus u_{n-2}$；$v_{n2} = u_n \oplus u_{n-2}$。

表 5.1 長度以內的 BCH 碼參數

n	k	t	n	k	t	n	k	t	n	k	t	n	k	t
7	4	1	63	30	6	127	64	10	255	207	6	255	99	23
15	11	1		24	7		57	11		199	7		91	25
	7	2		18	10		50	13		191	8		87	26
	5	3		16	11		43	14		187	9		79	27
31	26	1		10	13		36	15		179	10		71	79
	21	2		7	15		29	21		171	11		63	30
	16	3	127	120	1		22	23		163	12		55	31
	11	5		113	2		15	27		155	13		47	42
	6	7		106	3		8	31		147	14		45	43
63	57	1		99	4	255	247	1		139	15		37	45
	51	2		92	5		239	2		131	18		29	47
	45	3		85	6		231	3		123	19		21	55
	39	4		78	7		223	4		115	21		13	59
	36	5		71	9		215	5		107	22		9	63

表 5.2 BCH 碼產生多項式

n	k	t	P(X)
7	4	1	$X^3 + X + 1$
15	11	1	$X^4 + X + 1$
15	7	2	$X^8 + X^7 + X^6 + X^4 + 1$
15	5	3	$X^{10} + X^8 + X^5 + X^4 + X^2 + 1$
31	26	1	$X^5 + X + 1$
31	21	2	$X^{10} + X^9 + X^8 + X^6 + X^5 + X^3 + 1$

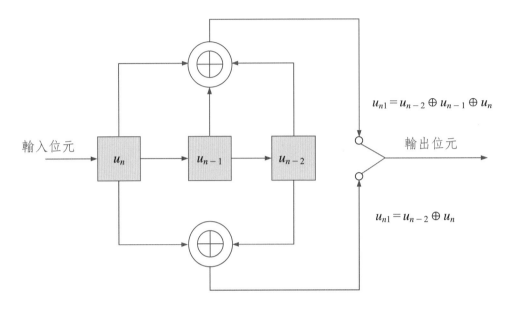

$$u_{n1} = u_{n-2} \oplus u_{n-1} \oplus u_n$$

$$u_{n1} = u_{n-2} \oplus u_n$$

輸入位元　　　　　　　　　　　　　　　　　　　　　　輸出位元

圖 5.9　(2, 1, 3)的摺疊碼架構圖

　　給定任何 k 位元的輸入，有 $2^{k(K-1)}$ 個不同的函數將 k 個輸入位元對應到 n 個輸出位元，使用哪個函數取決於最後($K-1$)次的 k 位元輸入的過程，因此可用有限個數之狀態機制來描述摺疊碼，這個機制有個狀態，透過最近輸入 k 位元決定狀態轉變以及 n 個輸出位元，初始狀態是全零的情況，圖 5.10 的例子有 4 個狀態，最後輸入之兩位元表示可能的 4 個狀態，下一個輸入位元決定狀態轉變並產生 2 個輸出位元，例如最後兩個位元是 10 ($u_{n-1}=1$, $u_{n-1}=0$)和下一個輸入位元是 1 ($u_n=1$)，目前狀態是 b(10)，下一個狀態是 d(11)，則輸出為 $v_{n1} = u_{n-2} \oplus u_{n-1} \oplus u_n = 0 \oplus 1 \oplus 1 = 0$，同時 $v_{n2} = 0 \oplus 1 = 1$。

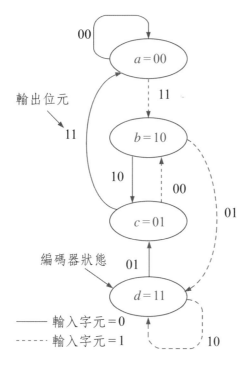

圖 5.10　編碼器狀態圖[14]

　　接下來我們將對摺疊碼的解碼程序進行介紹。首先將圖 5.10 的狀態圖垂直陳列，藉由資料輸入時序由左至右排列，列出相對應輸出與狀態轉移的路徑形成所謂的格狀圖（trellis），如圖 5.11 所示。而在目前所發展的摺疊碼解碼程序演算法中，以 Viterbi 演算法最為著名。Viterbi 解碼技術是將接收序列和所有可能傳送的序列比較，其演算法從所有格狀路徑序列中選擇與接收序列位元相差最少者為傳送序列。Viterbi 演算法中有幾種不同型式，其差異在於接收序列和有效序列之間漢明距離差異的度量特性。以字碼 $w = w_0 w_1 w_2 ...$ 表示接收序列，並且在格狀圖中找尋最可能的有效路徑，在時間 i，我們列出每個狀態的存活（active path）路徑，存活路徑是至時間 i 與接收序列的漢明距離是最小的有效路徑，在時間 i 的每一狀態標示此路徑距離，其關係為：

路徑距離＝前一時間之路徑距離＋最後一個的狀態的距離　　　（5.31）

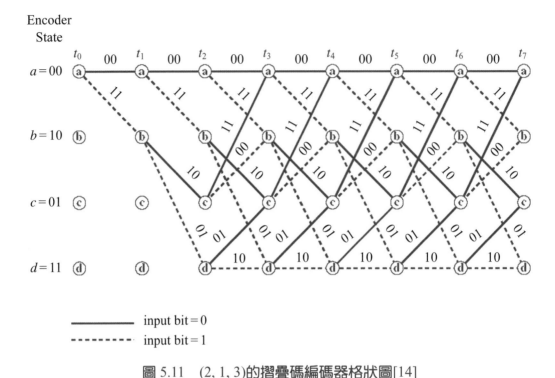

圖 5.11 (2, 1, 3)的摺疊碼編碼器格狀圖[14]

演算法進行 $b+1$ 個步驟，b 為事先選好的視窗大小，一(n, k, K)碼第一個 n 位元輸出區塊 $w_0 w_1 w_2 ... w_{n-1}$ 的解碼步驟如下：

步驟 0：時間 0 的初始狀態標示為 0，因為到目前為止沒有距離差異。

步驟 $i+1$：在時間 $i+1$ 找到所有到每個狀態 S 的存活路徑〔使用(5.31)式〕，並標示路徑距離。

步驟 b：演算法在時間 b 時終止，如果在那時的所有存活路徑對相同的序列 $x_0 x_1 x_2 ... x_{n-1}$，則第一個碼區塊 $w_0 w_1 w_2 ... w_{n-1}$ 更正為 $x_0 x_1 x_2 ... x_{n-1}$，則第一個碼區塊 $w_0 w_1 w_2 ... w_{n-1}$ 更正為 $x_0 x_1 x_2 ... x_{n-1}$，如果有兩個存活路徑則不能更正錯誤。

接收第一碼區塊之後，解碼視窗會向右移動 n 位元執行下一個 n 位元輸出區塊的解碼。旋積碼在高傳輸位元錯誤率的雜訊通道有較好的性能，同時隨著積體電路的日益演進，愈來愈多無線應用採用旋積碼技術。

5.2.3.4 渦輪碼（Turbo Codes）

隨著無線應用傳輸速率的不斷提高，錯誤控制能力仍是主要的研究領域之一。目前先進的無線通訊系統中，渦輪碼是一個相當重要的錯誤控制技術。在傳輸位元錯誤率的系統效能方面很接近 Shannon 極限，相當適合高速傳輸的能力。圖 5.12 為一渦輪碼編碼器，此技術使用兩個相同的編碼器，其中編碼器 1 接收輸入串列位元，並於每一個輸入位元區間產生一輸出查核位元 C_1，輸入位元經交錯處理後送至編碼器 2 並產生查核位元 C_2，原始輸入位元和兩個查核位元 C_1 以及 C_2 經過多工器依序產生輸出序列 $I_1C_{11}C_{21}I_2C_{12}C_{22}...$，產生序列的編碼率為 1/3，藉由交互選取二個編碼器輸出的方式，刪除 C_1 或 C_2 項，這種技術稱為 puncturing，可以達到編碼速率為 1/2 的目的。圖 5.13 為 $(2, 1, K)$ 遞迴系統摺疊碼（recursive systematic convolutional code, RSC）編碼器，其輸出則由輸入和查核位元交互組成。圖 5.14 為渦輪碼解碼器，接收的資料要做 puncturing 補回的處理，須對 puncturing 的查核位元進行估測或設定為 0。其解碼器運作過程為：編碼器 1 先動作，用 I' 和 C' 產生更正位元 X_1，然後 I'、X_1 和 C'_1 一起送至編碼器 2，其中 I' 和 X_1 須經交錯處理以校正位元的位置。編碼器 2 將所有輸入產生更正值 X_2，此值迴授至編碼器 1 當作解碼演算法第二回合的輸入，此更正值 $X2$ 也要經解交錯處理以校正位元之位置，經過多次的遞迴程序產生輸出。

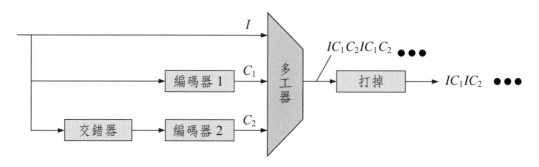

圖 5.12　渦輪碼編碼器

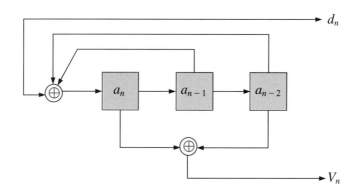

圖 5.13　為$(2, 1, K)$遞迴系統旋積碼（RSC）編碼器

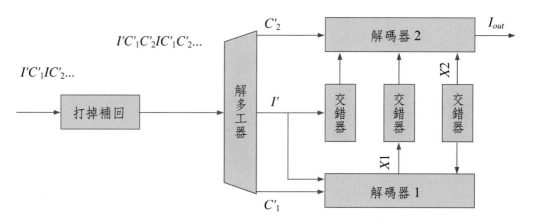

圖 5.14　渦輪碼解碼器

第三節　多使用者通訊技術

　　如何利用有限的頻譜資源給愈多的使用者使用，是我們有興趣討論的議題，在這個章節，我們將介紹多個使用者如何在有限的頻帶中同時進行通訊。常見的多工機制包含有分頻多工技術（frequency division multiplexing access, FDMA）、分時多工技術（time division multiplexing access, TDMA）、分碼多重進接多工技術（code division multiplexing access, CDMA）和正交分頻多工技術（orthogonal frequency multiplexing access, OFDM）……等方法，茲敘述如下：

分頻多工技術：頻率分割多重存取技術是把有限頻寬分割成多個不同頻率的頻道（frequency channel），不同的使用者配置不同的通訊通道，舉例來說，25 MHz 的有限系統頻寬，可以分割成 25000/200＝125 個 200 KHz 的頻道，配置給 125 個使用者使用。架構如圖 5.15 所示。其技術特徵包含有：(i) 一個分頻多工頻道一次只能承載一通電話的電路，假如分頻多工頻道沒有正在使用中，無法讓其他使用者共享。(ii)由於分頻多工頻道提供連續的通訊，所以所需要傳輸的額外的控制資訊也比較少，系統複雜度較低。第一代類比蜂巢式行動通

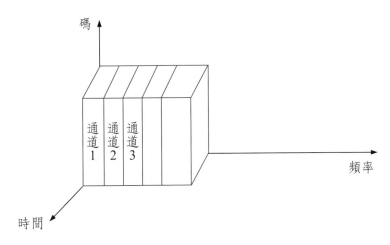

圖 5.15　**分頻多工技術原理** [8]

訊系統，如 AMPS 即是一例。

分時多工技術：分時多工技術將無線電頻道以時間來切割，分成多個時槽（time slots），每個時槽內只有一個用戶可以傳送或接收資料。假設一個封包（fram）含有 N 個時槽，每個時槽即是個別的頻道，對於使用者來說，傳訊的過程不是連續的，因此，分頻多工技術可以使用類比調變技術，但分時多工技術則只能使用於數位資料與數位調變的情況，圖 5.16 為分時多工技術的基本原理。在分時多工技術中數個使用者可以共用單一的載波頻率，使用者以時槽來配置通道，因此對於分時多工的使用者來說，資料的傳輸不是連續的。由於分時多工的傳輸是片段的，所以接收端在每次的傳送片段中必須同步，而且不同的使用者之間要用保護時槽來分隔，增加分時多工技術的系統複雜度。

分碼進接多工技術：分碼進接多工技術（code division multiplexingaccess, CDMA），即通稱的展頻多重存取技術（Spread Spectrum Multiple Access, SSMA）。運用類雜訊序列（pseudo-noise sequence, PN sequence）來將窄頻的訊號轉變成寬頻的訊號，然後再傳送。由於這些寬頻訊號彼此間為正交訊號，因此，可以在相同時間，所有的使用者使用相同的頻寬進行通訊，其原理如圖 5.17 所示，目前的第三代行動通訊系統即使用此種多工技術。

正交分頻多工技術：正交分頻多工技術（Orthogonal Frequency Division Multi-plexing）唯一結合調變和多重存取的技術，主要的功能是讓通訊頻道給多人使用。圖 5.18 為正交分頻多工技術原理圖，資料串流進行串聯轉並聯程序，每個子資料串流對應到一個個別的頻率，然後使用逆傳立葉轉換結合在一起。在正交分頻多工技術中，每個使用者可以配置一個至多個子通道，同時進行通訊，目前許多先進無線通訊技術，諸如：無線區域網路 802.11a、802.11g、802.11n、超寬頻正交分頻多工模組、第四代行動通訊系統、數位音訊廣播和數位電視等，均使用正交分頻多工技術進行多使用者通訊服務。

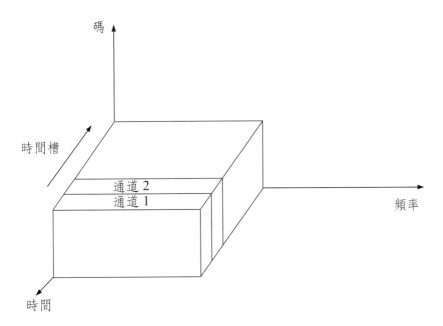

圖 5.16　分時多工技術原理 [8]

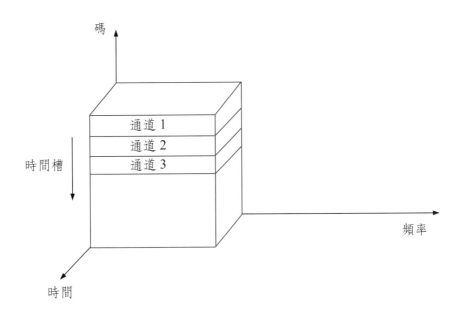

圖 5.17　分碼進接多工原理[8]

參考文獻

[1] Ray E. Sheriff and Y. Fun Hu, *Mobile Satellite Communication networks*, John Wiley & Sons, LTD, 2001.

[2] John Farserotu and Ramjee Prasad, *IP/ATM Mobile Satellite Networks*, Artech House, 2002.

[3] Timothy Pratt, Charles Bostian and Jeremy Allnutt, *Satellite Communications*, John Wiley & Sons, 2003.

[4] Dennis Roddy, *Satellite Communications*, McGraw-Hill, 2006.

[5] P. Dondl, "Standardization of the satellite Component of UMTS," *IEEE Personal Communications*, 2(5), pp.68-74, 1995.

[6] J. Ramasastry, R. Wiedeman, "Use of CDMA Access Technology in Mobile satellite Systems," *Proceedings of Fourth Internaational Mobile Satellite Conference*, Ottawa, Canada, 4-6 , pp.488-493, 1995.

[7] P. Taaghol, B. G. Evans, E. Buracchini, R. De Gaudenzi, G. Gallinaro, J. H. Lee, C. G. Kang, 'Satellite UMTS/IMT2000 W-CDMA Air Interfaces, ' *IEEE Communications Magazine*, 37(9), pp.116-125, 1999.

[8] 顏春煌，行動與無線通訊，金禾出版社，2004。

[9] W.C.Y. Lee, *Mobile Cellular Telecommunications System*, McGraw-Hill International Editions, 1989.

[10] William Stalling, *Wireless Communication and Networks*, Prentice-Hall, 2005.

[11] 余兆堂、林瑞源、繆紹綱，無線通訊與網路，倉海書局，2002。

[12] Peterson, W., and Brown D., "Cyclic Codes for Error Detection," *Proceedings of the IEEE*, January, 1961.

[13] Ramabadran T., and Gaitonde S., "A Tutorial on CRC Computations," *IEEE Mirco*, 1988.

[14] John G. Proakis, *Digital Communications*, 3rd, McGRAW-Hill, 1995.

[15] Sklar, B., "A Primer on Turbo Code Concepts," *IEEE Communication Magazine*, 1997.

[16] Vucetic, B., and Yuan, J., "Turbo Codes : Principles and Applications, Boston : Kluwer Academic Publishers, 2000.

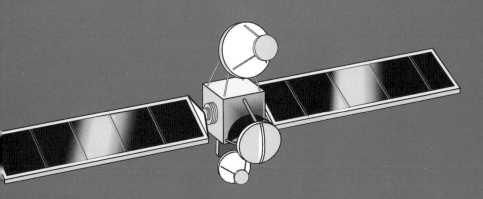

第六章

寬頻分碼進接多工技術

　　寬頻分碼進接多工技術（Wideband Code Division Multiple Access, WCDMA），從 1998 年成為以多媒體通訊為主要服務內涵的第三代行動通訊系統（3G）空中介面的主要規格以來，歷經 1999 年 4 月所推出的 R99 版本、2001 年 3 月所定稿的 R4 版本、2002 年 9 月的 R5 標準，以及 2005 年 6 月所更新的 R6 標準。目前 3G 系統所能提供的多媒體服務項目包含有：動畫郵件、照片郵件、視訊會議、數位電視、鈴聲下載、線上遊戲和 MP3 歌曲下載……等業務。在本章節我們將詳細介紹 WCDMA 發展的最新技術，內容涵括：WCDMA 系統的正交展頻碼、攪亂碼、同步碼、間隔器、錯誤更正碼、同步、實體層通道、功率控制與交遞……等議題。

第一節　展頻攪亂與複數調變

　　行動通訊系統在歷經了第一代的類比系統、第二代的 TDMA 系統和窄頻帶 CDMA 系統之後，目前已發展到第三代的行動通訊技術。而 WCDMA 正是目前最被廣為接受的第三代的行動通訊方案之一。那到底是怎樣的傳輸技術，使得 WCDMA 系統具備有高系統容量特性，能夠提供高位元速率來傳輸與接收高畫質圖像與視訊服務、高資料速率存取全球網路以及符合第三代的行動通訊系統的需求呢？我們將在本章節進行探討。

6.1.1　OVSF 頻道碼／展頻碼

　　WCDMA 系統在上傳鏈路與下傳鏈路均使用正交變化長度展頻因子（Orthogonal Variable Spreading Factor, OVSF）碼來做頻道的識別（頻道碼）；這組頻道碼同時也被用來對資料做展頻（展頻碼）。OVSF 碼的長度由展頻因子（spreading factor, SF）決定，展頻因子愈大，展頻能力愈強，愈能對抗通道環境雜訊。OVSF 碼的特色在於，經由妥善配置，不同長度的 OVSF 碼，其正交性仍然維持。

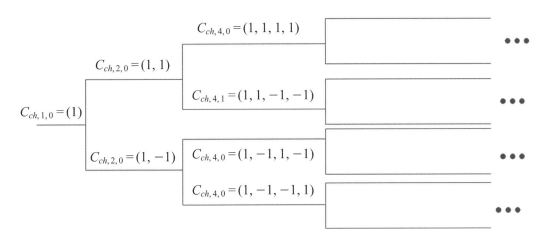

圖 6.1　OVSF **碼系圖** [10]

　　圖 6.1 為 OVSF 碼系圖。在 OVSF 碼系圖中的第一組碼只有 1 個且其值為 1，第二組碼的展頻因數等於 2 且是由第一組碼所衍生出來的。在特定展頻因數下的 OVSF 碼是利用前一階的 OVSF 碼所衍生出來，其產生式如方程式（6.1）所示：

$$C_{i+1} = \begin{cases} C_i C_i & if \quad x_i = 0 \\ C_i(-C_i) & if \quad x_i = 1 \end{cases} \tag{6.1}$$

下傳鏈路展頻因子範圍是從 4 到 512，而上傳鏈路展頻因子則是從 4 到 256，最後傳輸的碼片率（chip rate）則固定在 3.84 Mcps。因此傳輸速率資料速度 R_{symbol} 愈高，展頻因子愈小，即 $R_{symbol} \times SF = 3.84$Mcps。當短展頻因子的 OVSF 碼配置給高傳輸速率的使用者時，其所衍生出來的長展頻因子 OVSF 碼均不能再配置給其他使用者使用，因此，高資料率的頻道碼會占用較大的 OVSF 碼空間（Code Space）。

6.1.2 攪亂碼

WCDMA 系統中，每個頻道都包含一組唯一的碼，由 OVSF 展頻碼和攪亂碼所組成。攪亂碼的功能除了能在多路徑通道環境下，增加 OVSF 展頻碼正交性外；利用不同的攪亂碼，可以使得 OVSF 展頻碼能夠在不同細胞或手機上使用。

下傳鏈路展頻碼是由 $2^{18} - 1$ 個 Gold code 所組成，其下傳鏈路攪亂碼產生器如圖 6.2 所示。這兩個 m 序列產生器的多項式為：

$$1 + X^7 + X^{18}$$
$$1 + X^5 + X^7 + X^{10} + X^{18} \tag{6.2}$$

$1 + X^7 + X^{18}$ m 序列產生器移位暫存器的初始值均為 0；$1 + X^5 + X^7 + X^{10} + X^{18}$ m 序列產生器移位暫存器的初始值均為 1。總共產生 262143 個下傳鏈路攪亂碼，但只使用其中的 8192 個碼，這 8192 個碼又被分成 512 組，每一組是由一個主攪亂碼（primary scrambling code）及 15 個副攪碼（secondary scrambling codes）所組成。512 個主攪亂碼又被分成 64 個群組（code group），每一群組含有 8 個攪亂碼；利用這種群組可以大幅簡化手機在做細胞搜尋時的搜尋視窗和所需的計算量。因此，手機可以透過對下傳攪亂碼的解譯找出接收機所收到的訊號來自哪一個細胞。下鏈路攪亂碼的長度為 38400 位元，其位元速率為 3.84 Mbps（38400 bits/10ms），這會等於 WCDMA 系統展頻後的碼片率；因此將資料序列乘上攪亂碼之後並不會改變原本的碼片率及頻寬。

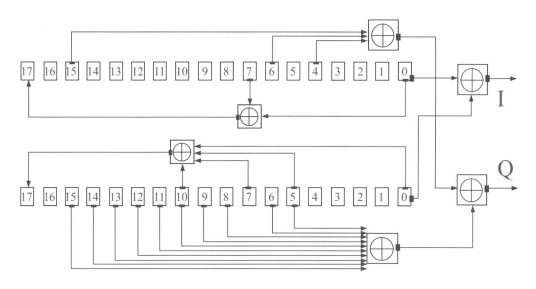

圖 6.2　下傳鏈路攪亂碼產生器[10]

基地臺要將所有使用者的上傳頻道進行時間對齊是不容易的，其主要原因在於各使用者的上傳訊號抵達基地臺的時間非常隨機。因此，上傳鏈路攪亂碼除了能夠降低各使用者間的干擾，增加OVSF展頻碼正交性外，更能夠讓基地臺辨識所接收的訊號來自哪一個使用者。WCDMA 系統中，上傳鏈路攪亂碼包含有長攪亂碼和短攪亂碼兩類。短攪亂碼可以用來改善因為時間的不同步所產生的使用者間干擾效應，比起長攪亂碼而言，短攪亂碼提供較為穩定且良好的互相關性。只要基地臺接收機具有聯合偵測（joint detection）能力，我們就能利用短攪亂碼來取代傳統的長攪亂碼來降低干擾和增加系統容量。

上傳鏈路攪亂碼也是 Gold code 的一種，長攪亂碼和短攪亂碼的數目皆為 16777215 個（$2^{24} - 1 = 16777215$）。上傳鏈路 DPCCH/DPDCH 這兩個頻道所使用的攪亂碼可能會是長攪亂碼或短攪亂碼兩者中的一個，其餘則是使用長攪亂碼來進行攪亂。圖 6.3 為 W1CDMA 系統上傳鏈路攪亂碼產生器。上傳鏈路攪亂碼是由兩個產生多項式為：

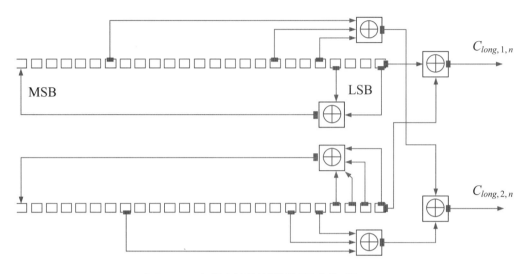

図 6.3　上傳鏈路長攪亂碼產生器[10]

$$X^{25}+X^3+1$$
$$X^{25}+X^3+X^2+X+1$$

（6.3）

的 m 序列所組合而成，其階數為 24，移位暫存器的初始條件為：

$$x_n(0)=n_0, x_n(1)=n_1, \cdots, x_n(23)=n_{23}, x_n(24)=1$$
$$y(0)=y(1)=...-y(24)=1$$

（6.4）

$n_0, n_1, \cdots, n_{23}$ 為第 n 個序列暫存器的初始值，為 LSB，利用 n_0 到 n_{23} 這 24 個位元的排列組合即可產生 16777215 個長攪亂碼。因此基地臺只需將這 24 個初始值透過上層的訊令傳送給手機，當接收機接收到這些初始值之後便將其載入產生器；利用 3.84 MHz 的 clock 來觸發產生器並在 10 ms 之後重新將初始值載入產生器使其重置（reset）。利用這種方法就可以產生一組位元率為 3.84 Mcps 且長度為 38400 個位元的長攪亂碼。

圖 6.4 為上傳鏈路短攪亂碼產生器架構圖。短攪亂碼產生器是由 3 個移位

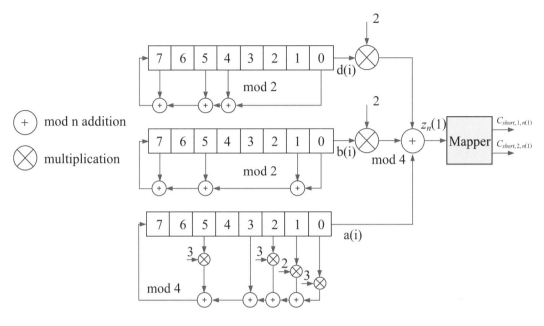

圖 6.4　上傳鏈路短攪亂碼產生器[10]

暫存器所組成，這 3 個移位暫存器的初始狀態（24 個位元）是和長攪亂碼中的 24 個初始值狀態相同。第一個移位暫存器的初始狀態是使用 24 個初始值中最大的 8 個位元（8 MSBs），第二個移位暫存器的初始狀態是使用中間的 8 個位元，第三個移位暫存器的初始狀態是使用最小的 8 個位元（8 LSBs）。利用 n_0 到 n_{23} 這 24 個位元的排列組合即可產生 16777215 個短攪亂碼。

6.1.3　同步碼

　　手機能夠從基地臺所傳送的頻道中，正確無誤的將所攜帶的訊息解調出來，其先決條件為手機和基地臺間需達成時間同步；亦即手機內的 clock 需和基地臺內的 clock 一致。在 WCDMA 系統中使用同步通道（Synchronization Channel, SCH）來完成基地臺間的同步程序。同步通道由主同步通道（Primary SCH, P-SCH）和副同步通道（Secondary SCH, S-SCH）所組成，主同步通道用來攜帶主同步碼（Primary Synchronization Code, PSC），副同步通道用來攜帶

副同步碼（Secondary Synchronization Code, SSC），藉由主／副同步碼，手機和基地臺可以達成時間同步。

主同步碼只有一個，其長度為 256 個碼片（chip），而副同步碼有 16 個，每個長度仍為 256 個碼片。圖 6.5 為主／副同步碼在同步通道中的配置情形。主同步碼配置在每一個時槽的前 256 個碼片，而副同步碼則是利用固定的排序將不同的副同步碼依序配置在每一個時槽的前 256 個碼片。主／副同步碼只存在於一個時槽的前 1/10 的時間上（66.7 us），而主要的一般控制實體通道（Primary Common Control Physical Channel, P-CCPCH）則會在此段時間關閉。若手機能鎖住主同步碼，則代表手機已經能夠知道每一個時槽的邊界時間，亦即完成以時槽為單位的時間同步；若手機能連續鎖住 15 個副同步碼，則代表手機已經能夠知道每一個訊框的邊界時間，亦即完成以訊框為單位的時間同步。

主同步碼可使用一般化階層式的 Golay 序列（generalized hierarchical Golay sequence）建構而成。定義一序列 s 為：

$$s = x_1, x_2, \cdots, x_{16} > = <1,1,1,1,1,1,-1,-1,1,-1,1,-1,1,-1,-1,1,1,> \qquad (6.5)$$

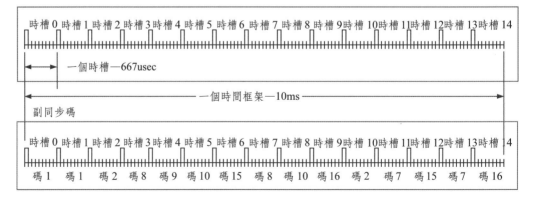

圖 6.5 主／副同步碼在同步通道中的配置情形[3]

使用 s 序列，可以產生一個 256 元素的陣列，將此陣列乘上（1＋j），即產生主同步碼，如（6.6）方程式所示：

$$C_{PSC} = (1+j) \times <s,s,s,-s,s,-s,-s,s,s,s,-s,s,-s,s,s> \qquad (6.6)$$

16 個副同步碼可使用 x 序列和 Hadamard 矩陣（H_8）的列相量相乘所產生，為一複數陣列，其實部和虛部的值相等。其中：

$$x = d,d,d,-d,d,d,-d,d,-d,d,-d,-d,-d,-d,-d,-d> \qquad (6.7)$$
$$d = <x_1,x_2,\cdots,x_8,-x_9,-x_{10},\cdots,-x_{16}>$$

$x_1,x_2,\cdots,x_{16}$ 為 s 序列。16 個副同步碼的產生方式說明如下：

$$C_{SSC,k} = (1+j) \times <h_m(0) \times z(0),h_m(1) \times z(1),\cdots,h_m(255) \times z(255)> \qquad (6.8)$$
$$k = 1,2,\cdots,16$$
$$m = 16 \times (k-1)$$

k 代表第 k 個副同步碼。因為下傳鏈結攪亂碼有 512 個，每個攪亂碼的長度為 38400 chips，遠大於同步碼。因此 WCDMA 系統需要有適當的導引來有效率的搜尋下傳鏈結攪亂碼。WCDMA 系統將 16 個副同步碼以排列組合的方式組合成 64 組序列，每一序列由 15 個副同步碼所組成。這 15 個副同步碼存在於每一個訊框的每一個時槽的前 256 chips。當接收機完整解出一個訊框內的 15 個副同步碼，得到一個副同步碼的排序，即可對應出此副同步通道所使用的下傳鏈結攪亂碼群組，每一個群組包含有 8 個主要攪亂碼，大幅簡化細胞搜尋程序。

6.1.4 複數調變與攪亂

圖 6.6 為 WCDMA 系統上傳鏈路複數展頻／攪亂／調變的區塊圖。在 WCDMA 通話模式中至少會同時傳輸兩個以上的通道，因此通道一經由 OVSF 1 展頻碼進行展頻，輸出信號 I_{chip}；通道二經由 OVSF 2 展頻碼進行展頻，輸出信號 Q_{chip}；並經由方程式（6.9）進行攪亂與複數調變。

$$I = I_{chip} \cdot I_s - Q_{chip} \cdot Q_s$$
$$Q = I_{chip} \cdot Q_s + Q_{chip} \cdot I_s$$

（6.9）

這裡的 I_s 和 Q_s 為 6.1.2 部分所產生的複數攪亂碼。

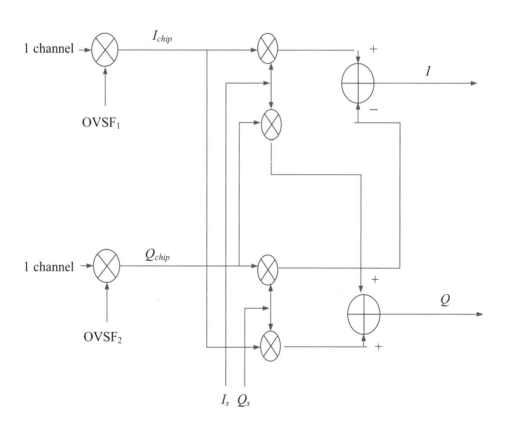

圖 6.6 WCDMA 系統上傳鏈路複數展頻／攪亂／調變區塊圖[9]

第二節　CRC 錯誤偵測／錯誤控制機制

WCDMA 系統的 CRC 錯誤偵測機制依據不同的傳輸通道，由上層配置不同的 CRC 錯誤偵測機制，如方程式（6.10）所示：

$$g_{CRC24}(D) = D^{24} + D^{23} + D^6 + D^5 + 1 \qquad (6.10)$$
$$g_{CRC16}(D) = D^{16} + D^{12} + D^5 + 1$$
$$g_{CRC12}(D) = D^{12} + D^{11} + D^3 + D^2 + 1$$
$$g_{CRC8}(D) = D^8 + D^7 + D^4 + D^3 + D + 1$$

WCDMA 系統的錯誤更正機制主要是使用 1/2 摺疊碼和 1/3 的摺疊碼，如圖 6.7 (a)(b)所示。其進階的技術為 1/3 的渦輪碼，架構圖如圖 6.8 所示。渦輪碼內部間隔器（Turbo Code Internal Interleaver）架構描述如下：輸入 $x_1, x_2, \cdots, x_k$ 位元，$40 \leq K \leq 5114$，將輸入位元轉換成一具有 R 列的方形矩陣（rectangular matrix）：

$$R = \begin{cases} 5 & 40 \leq K \leq 159 \\ 10 & 160 \leq K \leq 200, 481 \leq K \leq 530 \\ 20 & otherwise \end{cases} \qquad (6.11)$$

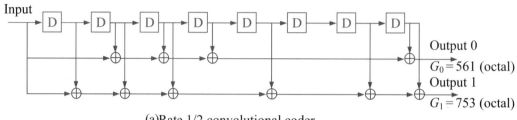

(a)Rate 1/2 convolutional coder

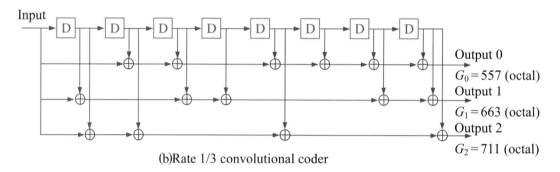

(b)Rate 1/3 convolutional coder

圖 6.7 (a)(b)1/2 和 1/3 摺疊碼[9]

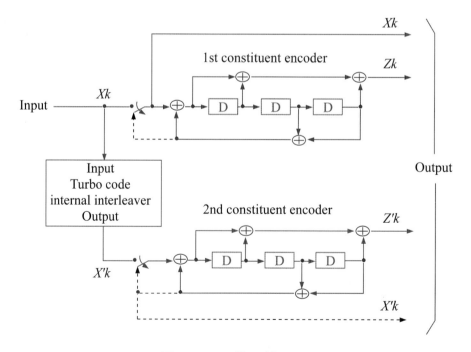

圖 6.8 1/3 的渦輪碼[9]

決定內部排列質數 p 和方形矩陣的行數 C。例如輸入位元數目為 $481 \leq K \leq 530$，則 $R = 10$，$p = C = 53$，否則從表 6.1 發現最小質數 p，使得 $K \leq R \times (p+1)$，同時方形矩陣的行數 C 為：

$$C = \begin{cases} p-1 & K \leq R \times (p-1) \\ p & R \times (p-1) < K \leq R \times p \\ p+1 & R \times p < K \end{cases} \quad (6.12)$$

因此，我們將輸入 $x_1, x_2, \cdots, x_k$ 位元轉換成一 $R \times C$ 的方形矩陣，如方程式（6.13）所示：

$$\begin{bmatrix} y_1 & y_2 & y_3 & L & y_C \\ y_{(C+1)} & y_{(C+2)} & y_{(C+3)} & L & y_{2C} \\ M & M & M & M & M \\ y_{(R-1) \times (C+1)} & y_{(R-1) \times (C+2)} & y_{(R-1) \times (C+3)} & L & y_{R \times C} \end{bmatrix} \quad (6.13)$$

最後在使用表 6.2 所顯示的列排列組合進行互置，即完成渦輪碼內部間隔器。

表 6.1　最小質數 p[9]

p				
7	47	101	157	223
11	53	103	163	227
13	59	107	167	229
17	61	109	173	233
19	67	113	179	239
23	71	127	181	241
29	73	131	191	251
31	79	137	193	257
37	83	139	197	
41	89	149	199	
43	97	151	211	

表 6.2　列的排列組合[9]

K	R	列的置換
$40 \leq K \leq 159$	5	4,3,2,1,0
$160 \leq K \leq 200$ $481 \leq K \leq 530$	10	9,8,7,6,5,4,3,2,1,0
$2281 \leq K \leq 2480$ $3161 \leq K \leq 3210$	20	19,9,14,4,0,2,5,7,12,18,16,13,17,15,3,1,6,11,8,10
K is any other value	20	19,9,14,4,0,2,5,7,12,18,10,8,13,17,3,1,16,6,15,11

除了渦輪碼內部間隔器外，WCDMA 系統仍有一階間隔器（1st interleaver）和二階間隔器（2nd interleaver）來增強摺疊碼的錯誤更正能力，茲分述如下：

第一次間隔器為具有行排列組合的方塊間隔器。假設輸入的位元為 $x_{i,1}, x_{i,2}, x_{i,3}, L, x_{i,X_i}$ 的位元，這裡 X_i 須為框架數目的整數倍，例如 1,2,4,8 倍的框架數目。則此方塊間隔器的列數目為：

$$R1 = X_i/C1 \quad C1 \in \{1,2,4,8\} \tag{6.14}$$

因此輸入序列 $x_{i,1}, x_{i,2}, x_{i,3}, L, x_{i,X_i}$ 轉置為 $R1 \times C1$ 的矩陣，如方程式（6.15）所示：

$$\begin{bmatrix} x_{i,1} & x_{i,2} & x_{i,3} & L & x_{i,C1} \\ x_{i,(C1+1)} & x_{i,(C1+2)} & x_{i,(C1+3)} & L & x_{i,2C1} \\ M & M & M & M & M \\ x_{i,(R1-1)\times(C1+1)} & x_{i,(R1-1)\times(C1+2)} & x_{i,(R1-1)\times(C1+3)} & L & x_{i,R1\times C1} \end{bmatrix} \tag{6.15}$$

接下來藉由表 6.3 進行矩陣行向量的轉置，完成一階間隔器的輸出矩陣，如方程式（6.16）所描述：

表 6.3　矩陣行向量的轉置[9]

資料長度	C1	行的排列
1 個時間框架（10ms）	1	0
2 個時間框架（20ms）	2	0,1
4 個時間框架（40ms）	4	0,2,1,3
8 個時間框架（80ms）	8	0,4,2,6,1,5,3,7

$$\begin{bmatrix} y_{i,1} & y_{i,(R+1)} & y_{i,(2R+1)} & L & y_{i,(C1-1)\times(R1+1)} \\ y_{i,2} & y_{i,(R+2)} & y_{i,(2R+2)} & L & y_{i,(C1-1)\times(R1+2)} \\ M & M & M & M & M \\ y_{i,R1} & y_{i,2R1} & y_{i,3R1} & L & y_{i,C1\times R1} \end{bmatrix} \tag{6.16}$$

則輸出序列為 $y_{i,1}, y_{i,2}, L, y_{i,R1}, y_{i,(R+1)}, L, y_{i,C1\times R1}$。

二階間隔器（2nd interleaver）為一具有內部行轉換的方塊間隔器，同時從矩陣輸出的位元具有刪除（pruning）的功能。假設輸入方塊間隔器的位元序列為 $u_{p,1}, u_{p,2}, u_{p,3}, L, u_{p,U}$，令 $C2 = 30$，則輸入位元序列轉置成 $R2 \times C2$ 的輸入矩陣，這裡 $U \le R2 \times C2$，如方程式（6.17）所描述：

$$\begin{bmatrix} y_{p,1} & y_{p,2} & y_{p,3} & L & y_{p,C2} \\ y_{p,(C2+1)} & y_{p,(C2+2)} & y_{p,(C2+3)} & L & y_{p,2C2} \\ M & M & M & L & M \\ y_{p,(R2-1)\times(C2+1)} & y_{p,(R2-1)\times(C2+2)} & y_{p,(R2-1)\times(C2+3)} & L & y_{p,R2\times C2} \end{bmatrix} \tag{6.17}$$

如果 $R2 \times C2 > U$，則

$$y_{p,k} = u_{p,k} \quad k = 1, 2, \cdots, u \tag{6.18}$$

$$y_{p,k} = 0 \quad \text{or} \quad 1 \quad k = u+1, u+2, \cdots, R2 \times C2$$

並使用 < 0, 20, 10, 5, 15, 25, 3, 13, 23, 8, 18, 28, 1, 11, 21, 6, 16, 26, 4, 14, 24, 19, 9, 29, 12, 2, 7, 22, 27, 17 > 進行行的變換，如方程式（6.19）所描述：

$$
\begin{bmatrix}
y'_{p,1} & y'_{p,(R2+1)} & y'_{p,(2R2+1)} & L & y'_{p,(C2-1)\times(R2+1)} \\
y'_{p,2} & y'_{p,(R2+2)} & y'_{p,(2R2+2)} & L & y'_{p,(C2-1)\times(R2+2)} \\
M & M & M & L & M \\
y'_{p,R2} & y'_{p,2\times R2} & y'_{p,3\times R2} & L & y'_{p,R2\times C2}
\end{bmatrix}
\qquad (6.19)
$$

輸出序列為 $y'_{p,1}, y'_{p,2}, L, y'_{p,R2}, y'_{p,R2+1}, L, y'_{p,R2\times C2}$，其中 $y'_{p,k}$ 相對應 $y_{p,k}$，$k > U$ 需移除。

第三節　WCDMA 系統的形塑濾波器

　　WCDMA 系統的形塑濾波器（Pulse Shaping Filter）為根號升餘玄濾波器具有滾邊因子為 0.22。根號升餘玄濾波器是將餘玄濾波器拆成兩部分，一個置於發射機，另一個置於接收機。根號升餘玄濾波器除了可降低符號間干擾現象外，同時可以符合 WCDMA 系統的傳輸功率規範，和其他無線系統共存。其根號升餘玄濾波器的脈衝響應為：

$$
h(t) = 4\beta \frac{\cos((1+\beta)\pi t/T) + \dfrac{\sin((1-\beta)\pi t/T)}{4\beta t/T}}{\pi\sqrt{T((4\beta t/T)^2 - 1)}}
\qquad （6.20）
$$

如圖 6.9 所示，這裡，$\beta = 0.22$，$T = 0.26us$。

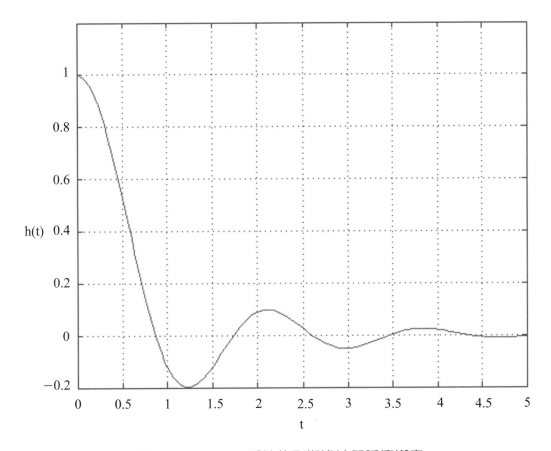

圖 6.9　WCDMA 系統的形塑濾波器脈衝響應

第四節　功率控制、傳輸多集與交遞

6.4.1　功率控制

　　WCDMA 系統和 TDMA 系統與 FDMA 系統相比較，主要的特點在於同一時間，所有使用者使用相同頻帶進行通訊。因此，個別使用者過大的傳輸功率會造成系統容量降低，因此需要作較嚴謹的功率控制，使得每一支手機或基地臺都只發射足夠功率即可；另一方面，在考量上傳鏈路時，若蜂巢內的使用者

均使用相同的傳輸功率,則距離基地臺較近的使用者接收的功率較大,假設使用者相當接近基地臺,則所接收的信號功率,嚴重干擾系統中其他使用者的通訊,此即 WCDMA 系統中著名的遠近效應,需藉由功率控制機制進行消除,換言之,距離基地臺較近的使用者傳輸功率較低,距離基地臺較遠的使用者傳輸功率較高,使得基地臺所接收的所有使用者功率接近相等。

WCDMA 系統的上傳與下傳鏈結均使用開迴路功率控制機制(Open Loop Power Control)來提供一個粗估(coarse)的初始功率(initial power)設定作為手機或基地臺在一個連結的初始發射功率。由於手機可以位於基地臺蜂巢涵蓋範圍內的任意位置,亦即介於手機跟基地臺之間的距離是一個變數,而路徑損失會和距離成正比。為避免手機在第一次發射訊息至基地臺時以過大或過小的功率傳輸,因此需要使用一個功率控制機制來估測路徑損失,設定初始傳輸功率,此即為上傳開迴路的功率控制機制。這個假設成立的條件在於下傳鏈路所遭遇的路徑損失會大約等於上傳鏈路所遭遇的路徑損失。

當要傳輸實體隨機截取通道(Physical Random Access Channel, PRACH)訊號時,系統會使用方程式(6.21)來計算 PRACH 頻道的傳輸功率:

$$P_{PRACH} = CPICH\_Tx\_Power - CPICH\_Rx\_Power +$$
$$UL\_interference + UL\_required\_CI \qquad (6.21)$$

這裡,$CPICH\_Tx\_Power$ 為基地臺藉由廣播通道(Broadcast Channel, BCH)將共同導引通道(Common Pilot Channel, CPICH)訊號的傳輸功率傳遞至手機;$CPICH\_Rx\_Power$ 為手機所量測到的共同導引通道訊號的接收功率;$UL\_interference$ 為上傳頻道所遭遇的干擾信號功率;$UL\_required\_CI$ 為系統所需求的接收訊號訊號雜訊比。

當手機將下傳通道的量測結果回傳到基地臺，基地臺利用這些參數來設定下傳頻道的初始功率，其下傳頻道開迴路功率控制演算法描述如下：

$$P_{Tx}^{Initial} = \frac{R(E_b/N_o)_{DL}}{W} \cdot \left(\frac{CPICH\_Tx\_Power}{(E_b/N_o)_{CPICH}} - \alpha P \right) \qquad (6.22)$$

這裡，R 為訊息位元傳輸速率（kbps）；W 為 WCDMA 系統中片碼率 3.84Mcps；$(E_b/N_o)_{DL}$ 為下傳通道所需的訊號雜訊比；$(E_b/N_o)_{CPICH}$ 為所量測到的 CPICH 通道的訊號雜訊比；$CPICH\_Tx\_Power$ 為 CPICH 通道的發射功率；P 為基地臺所量測到的載波功率；α 則為下傳通道的正交因數（orthogonal factor）。

功率控制的基礎在於無線電鏈路（radio link）品質的量測，可以使用傳輸位元錯誤率（bit error rate, BER）或者是封包損失率（packet loss）來進行描述，愈佳的無線電鏈路品質會有愈低的位元錯誤率或封包損失率。系統位元錯誤率或封包損失率的限制主要相依於傳輸應用的種類，例如對於即時的語音無線傳輸服務而言，合理的封包損失率的設計為 0.1%；而對於非即時傳輸的資料服務，合理的封包損失率的設計則為 10%。在 WCDMA 系統中的閉迴路功率控制機制主要由內部迴圈功率控制機制和外部迴圈功率控制機制所組成，其中，內部迴圈功率控制機制主要在於調整發射機的發射功率，而外部迴圈功率控制機制則在於調整接收值目標值（SIR target value）作動態調校。在 3GPP 的規格中，上傳與下傳方向的內部迴圈功率控制機制更新率（update rate）為 1.5kHz，而 3GPP2 的規格的內部迴圈功率控制機制更新率則為 800Hz。

上傳內部迴圈功率控制機制主要在於調整手機的發射功率，使得基地臺所接收到的訊號雜訊比（Signal to noise plus interference ratio, SNIR）能夠在一定的目標值（$SNIP_{target}$）之上，換言之，系統的傳輸位元錯誤率或封包損失率將

維持在一定的目標值（BER_{target} 或 PL_{target}）之下，傳輸品質得以維持；而此目標訊號雜訊比（$SNIP_{target}$）將由外部迴圈功率控制機制所設定。在 WCDMA 系統中估測接收信號的訊號雜訊比（$SNIP_{est}$）可藉由專用實體控制頻道（dedicated physical control channel, DPCCH）中的已知導引信號（pilot）來量測所接收到的訊號碼功率（received signal code power）和干擾訊號碼的功率（interfering signal code power）相除而得。如果 $SNIP_{est} > SNIP_{target}$，則功率控制指令（TPC command）設定為 0，傳輸功率往下調整一個單位；$SNIP_{est} < SNIP_{target}$，則功率控制指令設定為 1，傳輸功率往上調整一個單位。基地臺在每一時槽（time slot）會置入一個或多個功率控制指令，藉由每秒鐘 1500 次（WCDMA）或者是 800 次（cdma2000）的功率控制指令更新，系統可以隨時調整手機的傳輸功率以達到傳輸訊號的服務品質需求。下傳內部迴圈功率控制機制則會調整基地臺的發射功率，使得手機所接收到的訊號雜訊比能夠達到系統訊號雜訊比的目標值。當接收到來自於手機的功率控制機制指令時，基地臺便會依據該指令調整 DPCCH/DPDCH 通道的傳輸功率。若功率控制機制指令 DPC_mode = 0 會以一個時槽為單位來調整傳輸功率，若功率控制機制指令 DPC_mode = 1 會以三個時槽為單位來調整傳輸功率，其調整方式描述如下：

$$P_{downlink,k} = P_{downlink,k-1} + P_{TPC,k} + P_{bal,k} \qquad (6.23)$$
$$P_{bal,k} = (1 - \gamma)(P_{ref} + P_{P\_PICH} - P_{downlink,k-1})$$

這裡，$P_{downlink,k}$ 為下傳鏈路第 k 個時槽的發射功率；$P_{TPC,k}$ 為計算第 k 個功率控制指令之後所得到的功率調整量；$P_{bal,k}$ 為下傳功率控制程序的修正因數（correct factor），主要目的在平衡下傳無線電鏈路的功率，利用此一因數讓整個下傳無線電鏈路功率朝向一個共同的參考功率準位（common reference power）；P_{ref} 為下傳鏈路的參考功率，其值等於功率控制範圍的中間值；γ 為調整比例，介於 0 和 1 之間。

外部迴圈功率控制機制的目的在於對手機或基地臺設定一個目標 SNIR 值，這是由於在考量一個固定值的系統傳輸位元錯誤率或者是封包損失率的服務品質參數時，不同的通訊環境、不同的調變技術和不同的錯誤更正機制，會有不同的目標 SNIR 值，因此我們需藉由外部迴圈功率控制機制量測所需的傳輸位元錯誤率或者是封包損失率，調整目標 SNIR 值。

6.4.2　傳輸多集

在無線通訊中一個嚴重的問題在於無線通道的訊號衰減現象，嚴重的訊號衰減會造成大的系統傳輸位元錯誤率，而**傳輸多集**（Transmit Diversity）則是解決這個現象的多種方法之一。其原理在於使用不同的傳播路徑來傳遞相同的訊息，若其中的一條路徑遭受到衰落的影響而導致接收訊號的錯誤產生，接收機仍然可以使用其他路徑所傳播的訊息來成功解碼。目前的 WCDMA 系統在下傳方向提供三種不同的傳輸多集的技術，包括開迴路模式（open loop mode）、閉迴路模式（close loop mode）傳輸多集和基地臺選擇傳輸多集（site selection diversity transmit, SSDT）三種方式，茲分述如下：

在開迴路模式中提供空間時間的傳輸多集（space time transmit diversity, STTD）和傳輸時間切換的多集（transmit switched time diversity, TSTD）兩種模式。大多數的下傳鏈路實體通道是採用空間時間的傳輸多集，只有同步通道是採用傳輸時間切換的多集的傳輸技術。空間時間的傳輸多集主要是將相同的頻道資訊利用兩組天線發射藉以改善在衰減情況下的接收性能。在空間時間傳輸多集技術中，傳輸信號 $[S_1 \quad S_2]$ 使用方程式（6.24）的空間時間編碼方式進行編碼：

$$\begin{bmatrix} S_1 & S_2 \\ S_2^* & S_1^* \end{bmatrix} \tag{6.24}$$

其中 $[S_1 \quad S_2]$ 經由天線一傳輸，$[S_2^* \quad S_1^*]$ 經由天線二傳輸，增加系統傳輸效能。在下傳鏈路只有同步通道會使用傳輸時間切換的多集方式來達到傳輸多集的效果。傳輸時間切換傳輸多集技術是使用一個開關將所要傳輸的頻道位元配置在兩條路徑，利用兩組不同的天線將資訊位元發射。同步通道的特性和其他通道有所不同，例如它只存在於一個時槽的前 10%的時間，在每個時槽或訊框同步通道的內容會一直重複。因此，同步通道很適合使用傳輸時間切換傳輸多集技術來進行傳輸。大部分的情況下，訊號衰減現象只會在兩條路徑中的其中一條發生，因此，使用傳輸時間切換傳輸多集技術可以確保至少會有一條訊號路徑是可以避免遭受訊號衰減的影響，由於同步通道具有訊號重複的特性，可以在下一個時槽或訊框中完整的接收到全部的 256 個位元。

閉迴路傳輸多集技術包括：(i)迴授模式 1（feedback mode 1）和(ii)迴授模式 2（feedback mode 2）傳輸多集技術。迴授模式 1 只調整發射訊號的相位；迴授模式 2 則同時調整發射信號地相位與功率。在傳輸多集中，不同的天線使用相同相位（coherent）方式來發射相同訊號，此時接收機常會因為不同路徑的干擾而形成信號衰減。直覺上我們可以調整某一路徑的相位使干擾信號間形成建設性干涉（constructive interference），閉迴路傳輸多集技術即是利用此一原理，增加系統傳輸效能。當使用閉迴路傳輸多集技術時，不同的導引信號會利用不同的天線發射，手機可以利用這個導引信號來估測每一個傳輸路徑的振幅和相位參數。手機會依據這些振幅和相位參數計算出一組最佳化的組合，利用迴授訊號位元將此組參數回傳至基地臺，基地臺依據這些參數分別調整每根天線發射訊號的功率與相位。

基地臺選擇傳輸多集技術主要使用在當手機處於軟式交遞時間，手機正常應可以同時接收多個基地臺的訊號，若其中存在有一個基地臺的信號遠高於其他基地臺的訊號時，基地臺選擇傳輸多集技術將會啟動，關閉其他路徑訊號以達到降低干擾信號的目的。

6.4.3 交遞

交遞是當手機慢慢遠離現有的基地臺的無線電波傳輸範圍時，手機接收來自現有的基地臺的訊號逐漸變弱，將手機的管理權從現有的基地臺（serving cell）轉換至一個目標基地臺（target cell）的程序。在無線通訊系統上，交遞可以區分成硬式交遞（hard handover）和軟式交遞（soft handover）兩種。基本上，硬式交遞是屬於先斷後連（break before make）的架構，即為先和現有基地臺進行斷線，再和目標基地臺進行通聯，此種交遞模式常會在交遞過程中形成斷訊；而軟式交遞是屬於先連後斷（make before break）的架構，先和目標基地臺進行通聯再和現有基地臺進行斷線，因此交遞過程中，手機和現有基地臺與目標基地臺同時進行通聯，交遞過程中可維持正常通聯。

在 UMTS 網路中存在有兩種主要的交遞形式：(i)UMTS 網路不同系統業者間或相同業者不同頻段間的系統內交遞（intra-system handover）；(ii)不同系統（inter-system handover）間的交遞，例如，UMTS 網路交遞至 GSM/GPRS 網路。其中系統內交遞又可區分同頻交遞（intra-frequency handover）和變頻交遞（inter-frequency）。在同頻交遞的過程中因不涉及載波頻率的變換，因此不會有時間延遲產生，而變頻交遞率涉到硬體頻率的重新鎖相，在交遞的過程中將產生時間延遲。

軟式交遞的優點在於交遞過程中通聯可維持正常，缺點則在於：1.增加基地臺及手機的頻道；2.增加下傳鏈結的傳輸功率；3.基地臺至無線網路控制中心（Radio Network Controller, RNC）之間額外的連結；4.不同無線網路控制中心之間的額外連結。

第五節　實體通道與傳輸通道

在前面的章節中，我們提及了一些 WCDMA 系統中的通道名稱，例如同步通道、共同導引通道和實體通道……等。在這個章節我們將詳細介紹在 WCDMA 系統中的通道名稱及其功能。

6. 5. 1　實體通道

WCDMA 系統中的實體通道功能在於攜帶上層的訊令（signaling）、控制資訊和使用者資料。依其傳輸方向可以區分為上傳鏈路實體通道和下傳鏈路實體通道；若依其屬性則可區分為專用通道（dedicated channels）和共同通道（common channels）。專用通道主要是負責攜帶資料給特定的使用者，共同通道主要是攜帶和系統有關的資訊給所有使用者。

下傳鏈路實體通道包括：導引通道（Pilot Channel）、同步通道（Synchronization Channel, SCH）、專用實體通道（Dedicated Physical Channel, DPCH）、主要共同控制實體通道（Primary Common Control Physical Channels, P-CCPCH）、輔助共同控制實體通道（Secondary Common Control Physical Channels, P-CCPCH）、實體層下傳共享通道（Physical Downlink Shared Channel, PDSCH）、取得指示通道（Acquisition Indication Channel, AICH）、呼叫指示通道（Page Indication Channel, PICH）、進接前言取得指示通道（Access Preamble Acquisition Indicator Channel, AP-AICH）和碰撞偵測／通道指定指示通道（Access Preamble Acquisition Indicator Channel, CD/CA-AICH）等 10 個下傳鏈路實體通道，在底下我們將詳述這 10 個下傳鏈路實體通道的應用。

共同導引通道主要是提供手機作為頻率及時間的參考基準，亦即手機可以利用共同導引通道來達到同相偵測（coherent detection）的能力，提高接收解調的準確性，另一方面，手機也可以利用共同導引通道來維持和基地臺間的時間同步關係。同時共同導引通道並沒有攜帶上層的訊息（upper layer signaling），也沒有任何傳輸通道對應到它，手機對共同導引通道準位的量測值可以作為交遞及細胞選擇／重新選擇判斷的參數。共同通道只存在於實體層，由主同步通道和副同步通道所組成，主要用於完成細胞搜尋（cell site acquisition）程序。專用實體通道是由專用實體資料通道和專用實體控制通道所組成，專用實體通道主要是攜帶邏輯通道的專用通道。專用實體資料通道主要是攜帶使用者資料，專用實體控制通道則是攜帶實體層的控制資訊，例如嵌入式的導引位元、發射的功率控制位元和傳輸格式組合的資訊。專用實體通道的訊框及時槽的結構圖，如圖 6.10 所示。主要的一般控制實體通道主要係用來攜帶廣播通道。廣播通道屬於邏輯通道，主要的目的即是將系統相關的訊息廣播至細胞的涵蓋區域。手機透過接收主要的一般控制實體通道來得知系統的基本資訊並利用這些資訊和網路溝通。輔助的一般控制實體通道主要用來攜帶順向進接通道和呼叫通道。其中順向進接通道是對位置已知的手機進行呼叫；而呼叫通道則是對位置未知的手機進行呼叫。順向進接通道和呼叫通道可以組合在一起並利用單一的輔助的一般控制實體通道來承載或是利用不同的輔助的一般控制實體通道來分別承載這兩個邏輯通道。

下傳鏈路若要傳送高速率的封包資料會很快的造成頻道碼資源的耗盡，因此可以利用共享通道的概念來傳送高速率的封包資料。邏輯通道中的下傳共享通道可以由數個使用者來共享，利用一個特定的封包排程演算法可以讓每個參與共享的使用者在短暫的時間上獨占整個下傳共享通道。實體層的下傳共享通道是使用來攜帶邏輯通道中的下傳共享通道，一個實體層的下傳共享通道是以訊框的時間為單位來配置給單一使用者。因此在一個訊框的時間內可以利用多碼傳輸的方式發射多重的實體層的下傳共享通道給不同的使用者，或者是將所有的實體層的下傳共享通道配置給單一的使用者。當手機所發射的實體隨機進

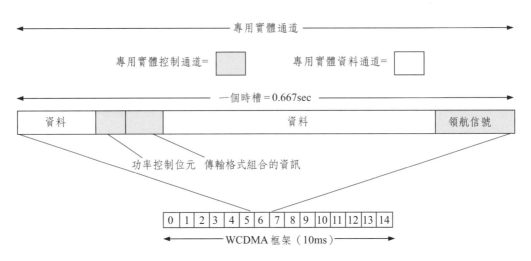

圖 6.10　專用實體通道的訊框及時槽的結構圖

接通道或實體一般封包頻道的內容成功的被基地臺偵測到時，基地臺會利用取得指示頻道將一個指標傳送給該手機。當手機接收到這個指標時便會去讀取廣播通道的內容來得到網路系統的參數。

　　為了提供最長的待機時間，WCDMA 系統定義了槽狀接收的模式，使得手機在大部分的時間處於深度睡眠的狀態。在槽狀接收模式下，手機只需要在離散的時間上醒過來接收呼叫指示頻道來得知在下一個呼叫時槽上是否存在一個呼叫。為了幫助手機能夠順利的操作在槽狀接收的模式，基地臺利用呼叫指示頻道來告知手機是否存在著呼叫訊息在即將到來的輔助共同控制實體通道訊框上。若有呼叫訊息存在，則手機必須維持開啟狀態，若不存在呼叫訊息，則手機以關閉進入睡眠狀態。而進接前言取得指示通道，則主要用來攜帶一般封包通道進接前言的取得指示。

　　在WCDMA系統中使用的上傳實體通道包含：實體隨機進接通道（Physical Random Access Channel, PRACH）、實體共同封包通道（Physical Common Packet Channel, PCPCH）和專用實體通道（Dedicated Physical Channel,

DPCH）。其和上傳實體通道有明顯的差異，我們將在底下詳細介紹這三個上傳實體通道及其應用。

實體隨機進接通道是手機使用在網路做初始接觸，在取得基地臺的回應之後，手機才會將訊令資訊傳送給基地臺。實體隨機進接通道由前言和訊息兩個部分所組成，可以包含一個或多個前言的部分，但只包含一個訊息的部分。實體隨機進接通道主要是利用前言和基地臺取得初始接觸，當基地臺成功收到由手機傳送的前言時，會使用進接前言取得指示通道傳送一個指標來告知手機已成功接收到前言，當手機接收到進接前言取得指示通道上的指標之後，才會將訊息部分傳送給基地臺來完成隨機進接的程序。

實體的一般封包通道是用來承載邏輯通道中的一般封包通道，主要使用來傳輸上傳的封包資料。使用實體的一般封包通道來傳輸小量至中量的封包資料是一個相當有效率的方法，主要原因在於使用實體的一般封包通道的傳輸方式使用隨機進接方式，占用較少量的系統資源。其所傳送的封包資料可能跨過數個訊框的長度，因此基地臺必須控制其發射功率避免系統容量的降低。當一般封包通道的進接截取成功之後，基地臺會透過取得指示通道傳送一個回應給手機，當手機收到回應後便開始傳輸。專用實體通道是由專用實體資料通道和專用實體控制通道所組成，專用實體資料通道可用來承載使用者資料而專用實體控制通道則可用來攜帶實體層的控制資訊。

6.5.2　傳輸通道

在 W-CDMA 系統中除了使用二代系統和二點五代系統的邏輯通道和實體通道外，更進一步使用傳輸通道的架構。邏輯通道主要在攜帶上層（upper layers）所產生的資訊內容或訊令（signaling），而實體通道的主要功能則在於將這些內容傳輸至空中界面。至於傳輸通道則是介於邏輯通道和實體通道之間。

由於三代系統具有同時傳輸不同媒體型態的功能，這些傳輸媒體可能具備有不同的傳輸錯誤率和需要不同的錯誤更正機制，因此使用傳輸通道便可以將各種不同型態的服務整合至一個或數個實體通道，增加實體通道的使用效率。傳輸通道可以分成專用傳輸通道和共同傳輸通道兩類。專用傳輸通道主要使用來傳輸使用者資料，例如語音資料；而共同傳輸通道則主要使用來傳輸和系統相關的訊號。在 3GGP 規格中，僅包括專用通道（Dedicated Channel, DCH）為專用傳輸通道；而共同傳輸通道則包括了廣播通道（Broadcast Channel, BCH）、順向進接通道（Forward Access Channel, FACH）、呼叫通道（Paging Channel, PCH）、下傳共享通道（Downlink Shared Channel, DSCH）、隨機進接通道（Random Access Channel, RACH）和共同封包通道（Common Packet Channel, CPCH）等六個共同傳輸通道，這些傳輸通道的功能，茲分述如下：

藉由將傳輸通道映射到實體通道，可以將上層所產生的資訊內容或訊令傳輸至空中界面。圖 6.11 描述傳輸通道和實體通道間的映射關係。其中專用通道映射至專用實體資料通道和專用實體控制通道。隨機進接通道映射至實體隨機進接通道。共同封包通道映射至實體共同封包通道和共同導引通道。廣播通道映射至主要共同控制實體通道。順向進接通道和呼叫通道則映射至輔助共同控制實體通道。下傳共享通道映射至實體層下傳共享通道、同步通道、取得指示通道、進接前言取得指示通道、呼叫指示通道、CPCH狀態指示通道和碰撞偵測／通道指定指示通道。

在 W-CDMA 系統中只有上傳或下傳的專用通道為專用傳輸通道，其傳送的對象是特定使用者，所攜帶的內容包含特定使用者的資料和上層的控制資訊，可以支援快速功率控制與軟式交遞。

廣播通道為下傳的共同傳輸通道，會映射至實體層的主要共同控制實體通道。所有的共同傳輸通道均不支援軟式交遞，但有些共同傳輸通道會支援快速

傳輸通道   實體通道

專用通道 ──────────────────   專用實體資料通道
                                        專用實體控制通道

隨機進接通道 ─────────────   實體隨機進接通道

共同封包通道 ─────────────   實體共同封包通道
                                        共同導引通道

廣播通道 ──────────────────   共同控制實體通道

順向進接通道 ─────────────   輔助共同控制實體通道
呼叫通道 ──────────────────

下傳共享通道 ─────────────   實體層下傳共享通道
                                        同步通道
                                        取得指示通道
                                        進接前言取得指示通道
                                        呼叫指示通道
                                        CPCH 狀態指示通道
                                        碰撞偵測／通道指定指示通道

圖 6.11　傳輸通道和實體通道間的映射關係[7]

功率控制機制。廣播通道主要在於攜帶系統或細胞特定資訊，例如可以使用的
隨機進接碼和進接時槽，手機在註冊至基地臺前必須要先能夠解出該基地臺廣
播通道所攜帶的資訊，因此基地臺會以較大的功率來傳送廣播通道，使得在涵
蓋範圍內的手機均能接收廣播通道內的訊息。順向進接通道為下傳的共同傳輸
通道，其傳送範圍可以包括整個細胞或者使用窄波束天線（beam-forming an-
tenna）技術傳送至特定手機的位置上。順向進接通道主要功能在於攜帶控制

資訊至基地臺服務範圍內的所有手機，同時也可以攜帶少量的封包資料，可以視為下傳方向的一般封包通道。但並不支援快速功率控制機制，僅可以使用慢速功率控制機制（開迴路功率控制機制）。在一個基地臺內可以使用數個順向進接通道，但主要的順向進接通道須使用較低的資料傳輸模式傳送，以確保基地臺服務範圍內的所有手機均能接收。順向進接通道可以使用 10ms、20ms、40ms 和 80ms 的不同訊框長度，調整不同的資料速率傳輸模式。同時在 W-CDMA 系統中可以使用封包交換模式或電路交換模式來進行資料傳輸，而順向進接通道則使用在下傳方向的封包交換模式的資料傳輸中。

呼叫通道為下傳傳輸通道，主要用來攜帶呼叫程序（paging procedure）資料。由於手機必須接收到呼叫通道內的資訊才能回應一個通話，因此網路會將呼叫通道傳送至手機所在的基地臺，基地臺則將呼叫通道的內容廣播至基地臺的整個服務範圍。隨機進接通道為上傳傳輸通道，使用競爭（contention）方式來傳輸，因此無須使用排程（scheduling）。隨機進接通道主要攜帶控制資訊以利手機和基地臺建構的初始連結，包括開機之後將手機註冊至系統、執行位置更新或初始的一個通話。

一般封包通道的主要功能在於傳輸上傳鏈路的封包資料，與隨機進接通道的相異處在於一般封包通道支援快速閉迴路功率控制機制和實體層的碰撞偵測，因此一般封包通道比隨機進接通道有較佳的傳輸速率，同時適合非即時傳輸服務，例如 e-mail、網頁瀏覽和檔案傳輸與即時性傳輸服務，例如視訊會議和網路電話等。下傳共享通道主要用來傳輸指定或一組的使用者資料或控制訊息，支援快速功率控制機制，可以依據使用狀況動態改變訊框的傳輸速率。

參考文獻

[1]　Harri Holma, and Antti Toskala, *WCDMA for UMTS-Radio Access for Third Generation*

Mobile Communications, John Wiley & Sons, 2002.

[2] Man Young Rhee, *CDMA Cellular Mobile Communications and Network Security*, Prentice Hall，PTR, 1998.

[3] 付景興、馬敏、陳澤強、和周華譯，第三代行動通訊系統的無線電存取技術與系統設計，五南圖書，民 94。

[4] 張英彬編著，第三代行動通訊系統，儒林公司，民 94。

[5] 張智江、朱士鈞、張雲勇、劉韻潔，3G 第三代行動通訊網路技術，松崗，民 95。

[6] 張志文、陳名吉編譯，W-CDMA行動通訊系統，全華科技圖書股份有限公司，民 92。

[7] 3GPP TS 25.201 V6.2.0 (2005-06), *3rd Generation Partnership Project; Technical Specification Group Radio Access Network; Physical layer-General description.*

[8] 3GPP TS 25.211 V6.7.0 (2005-12), *3rd Generation Partnership Project; Technical Specification Group Radio Access Network; Physical channels and mapping of transport channels onto physical channels (FDD).*

[9] 3GPP TS 25.212 V6.7.0 (2005-12), *3rd Generation Partnership Project; Technical Specification Group Radio Access Network; Multiplexing and channel coding (FDD).*

[10] 3GPP TS 25.213 V6.4.0 (2005-09), *3rd Generation Partnership Project; Technical Specification Group Radio Access Network; Spreading and modulation (FDD).*

[11] 3GPP TS 25.214 V6.7.1 (2005-12), *3rd Generation Partnership Project; Technical Specification Group Radio Access Network; Physical layer procedures (FDD).*

[12] 3GPP TS 25.215 V6.4.0 (2005-09), *3rd Generation Partnership Project; Technical Specification Group Radio Access Network; Physical layer-Measurements (FDD).*

[13] Bahl, S.K. "*Cell searching in WCDMA*", IEEE Potentials, pp.16-19, 2003.

[14] Wang Y.-P.E., and Ottosson T., "Cell search in W-CDMA", *IEEE JSAC*, pp.1470-1482, 2000.

[15] Moon Kyou Song, and Bhargava V.K, "Performance analysis of cell search in W-CDMA systems over Rayleigh fading channels", *IEEE Transactions on Vehicular Technology*, pp. 749-759, 2002.

[16] William Cooper et al.,"Performance Analysis of Slotted Random Acess Channels for W-CDMA Systems in Nakagami Fading Channels," *IEEE Transactions on Vehicular Technology*, Vol. 51, No.3, May, 2002.

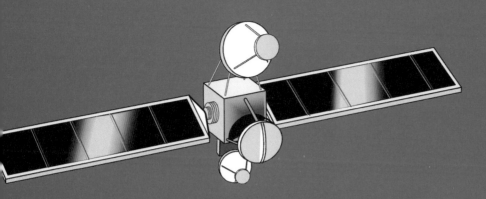

第七章
衛星寬頻分碼進接
多工技術

　　國際電信組織（International Telecommunication Union）目前正致力於推動第三代 IMT-2000 行動通訊計畫，發展世界廣域多媒體無線服務，其無線通訊服務範圍包含涵蓋範圍小於 10 公尺的超寬頻家庭室內蜂巢、小於 100 公尺的無線區域網路室內蜂巢、小於 1 公里的低功率電話室外蜂巢、小於 35 公里的地面行動通訊室外蜂巢和適合海洋、高山與天空航空器通訊環境，涵蓋範圍高達 500 至 1000 公里的室外衛星蜂巢。衛星寬頻分碼進接多工技術為地面上寬頻分碼進接多工技術的延伸，主要在於修正地面上寬頻分碼進接多工技術，使其更適合衛星通訊環境。在下一階段我們將致力於發展低成本、低尺寸地面／衛星雙模組使用者手持式設備以適合地面／衛星通訊環境。換言之，在有地面行動通訊環境使用地面行動通訊系統，其餘環境則使用衛星行動通訊網路。表 7.1 描述地面 IMT-2000 和衛星 IMT-2000 行動通訊系統的通訊環境。

表 7.1　地面 IMT-2000 和衛星 IMT-2000 行動通訊系統的通訊環境[1]

通訊環境	T-IMT2000	S-IMT2000
海洋	✕	■
山區	✕	■
航空器	✕	■
高速公路	■	■
郊區	■	■
市區	■	✕
室內	■	✕

第一節　衛星寬頻分碼進接系統概述

衛星寬頻分碼進接多工系統與地面寬頻分碼進接多工系統的空中介面相近，因此在本節將僅針對衛星通訊環境所進行的修正，例如傳播通道特徵、衛星多樣性（satellite diversity）、功率控制、領航通道、碼的同步、數位調變與展頻形式、干擾降低（interference mitigation）和資源配置……等問題進行探討。

就像之前所章節所提及的，對任何無線通訊系統而言，通道特徵扮演一個相當重要的角色。而衛星低軌道／中軌道寬頻分碼進接多工系統和地面寬頻分碼進接多工系統就通道特徵而言有相當大的不同之處。地面寬頻分碼進接多工系統主要受到 log-normal 長項衰減效應（long-term fading）和瑞雷短項衰減效應（Rayleigh short term fading）的通道特徵影響。一般而言，地面寬頻分碼進接多工系統無法接到直線波（line-of-sight, LOS）。因此犁耙式接收機是被使用去偵測和組合多路徑無線電波項。另一方面，對於行動衛星低軌道／中軌道寬頻分碼進接多工系統來說，一般假設接收的到直線波，其通道特徵為具有 Rice 因子為 7 至 15dB 的 Rice 統計分布。多路徑衰減效應在行動衛星低軌道／中軌道寬頻分碼進接多工系統中並不明顯，其原因在於主要直線波和多路徑反射波的延遲（delay）常常超過 200ns，同時相較直線波，多路徑反射波相當的小，因此可以忽略。在行動衛星低軌道／中軌道寬頻分碼進接多工系統中，都卜勒效應（Doppler Effects）將是一個需要考量的設計參數，這是導因於衛星相對於地面站和使用者端會快速移動。對於低軌道／中軌道衛星系統，除了考慮使用者端的移動速度外，還需考量衛星本身的移動速度。在實際的低軌道／中軌道衛星系統，衛星相對使用者的相對速度可以精確的被估測，都卜勒干擾效應可以被移除。

衛星多樣性（Satellite Diversity）的考量在行動衛星低軌道／中軌道寬頻

分碼進接多工系統設計是有幫助的，可以降低系統的傳輸位元錯誤率與中斷率（blockage probability）。增加行動衛星低軌道／中軌道寬頻分碼進接多工系統軟式交遞的能力。衛星多樣性可以藉由使用者同一時間和多顆衛星保持通聯來達成，如圖 7.1 所示。功率控制是分碼進接多工系統設計不可或缺的一項技術，然而功率控制技術在地面寬頻分碼進接多工系統與行動衛星低軌道／中軌道寬頻分碼進接多工系統中所扮演的角色並不相同。就像前面章節所提及的，地面寬頻分碼進接多工系統主要藉由功率控制技術消除著名的遠近效應。然而在行動衛星低軌道／中軌道寬頻分碼進接多工系統蜂巢中的所有使用者距離衛星基地臺的通訊距離大致相同，因此遠近效應在行動衛星系統中並不明顯。功率控制技術主要用來消除衛星和使用者端天線增益的變化、使用者速度的變化和時變的同通道干擾效應。至於所使用的開迴路功率控制機制和閉迴路功率控制機制我們已於第六章進行介紹。在這裡我們將進一步對訊號雜訊比（Signal to Noise plus Interference Ratio, SNIR）估測機制進行討論。假設 1 的參考符元（reference symbol）是被傳輸。z_i，$i = 1, \ldots\ldots, 16$ 是接收的參考符元。則

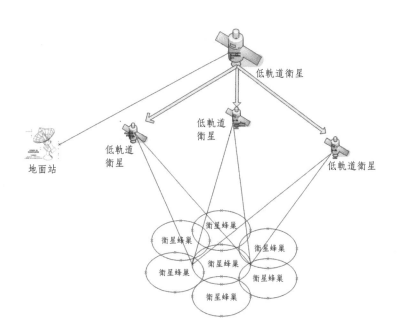

圖 7.1　衛星多樣性架構圖

$$SNIR = S/(N+I) \tag{7.1}$$

$$S = \left[\sum_{i=1}^{16} z_i m_i\right]^2$$

$$N+I = P_T - S = \sum_{i=1}^{16} |z_1 m_1|^2 - S$$

這裡 P_r 為全部的估測功率、m_i 為通道估測機制所估測的平均信號相位。

對於上傳與下傳鏈路的行動衛星低軌道／中軌道寬頻分碼進接多工系統，一個領航信號的使用是需要的。在快速的低軌道衛星移動會導致大的都卜勒頻率偏移量。因此需要使用領航信號來估測都卜勒頻率偏移量、初始的訊號追蹤（initinal signal acquisition）和載波追蹤（carrier tracking）。一般而言，都卜勒頻率偏移量可以精確的被移除。在行動衛星低軌道／中軌道寬頻分碼進接多工系統所使用的數位調變和展頻機制與地面寬頻分碼進接多工系統相同，包括：(i) QPSK 調變結合變化長度正交展頻碼和實數二位元攪亂器；(ii)雙模式 BPSK 調變結合變化長度正交展頻碼和複數二位元攪亂器。

無線電頻譜資源的配置策略是系統設計的一項重要考量因素。為了避免行動衛星低軌道／中軌道寬頻分碼進接多工系統中的同通道干擾效應，我們須針對寬頻分碼進接多工系統與低軌道行動衛星電波傳輸束（beam）間軟式交遞和硬式交遞的頻率再使用情形，進行設計。

第二節　行動衛星低軌道／中軌道寬頻分碼進接多工系統規格與地面寬頻分碼進接多工系統規格之比較

就像前一章節所提及，行動衛星低軌道／中軌道寬頻分碼進接多工系統為地面寬頻分碼進接多工系統的延伸。主要是修正地面寬頻分碼進接多工系統規格使其更適合衛星通訊環境。因此在本章節我們將著重在地面寬頻分碼進接多

工系統規格和行動衛星低軌道／中軌道寬頻分碼進接多工系統規格間差異性的介紹。

在行動衛星低軌道／中軌道寬頻分碼進接多工系統提供 3.84 Mcps 和 1.92 Mcps 的兩種傳輸片碼率，使得行動衛星低軌道／中軌道寬頻分碼進接多工系統更適合在多頻帶的操作環境下運作。而和地面寬頻分碼進接多工系統一致，使用變化長度正交展頻碼來達到不同傳輸速率的多媒體無線傳輸服務。

行動衛星低軌道／中軌道寬頻分碼進接多工系統的邏輯通道與實體通道間的映射情形描述於表 7.2。其中下傳鏈路的廣播控制通道（Broadcast Control Channel, BCCH）映射至主要共同控制實體通道（Primary Common Control Physical Channel, PCCPCH）、順向截取通道（Forward Access Channel, FACH）和呼叫通道（Paging Channel, PCH）映射至輔助共同控制實體通道（Second Common Control Physical Channel, SCCPCH）。下傳鏈路隨機交通通

表 7.2 行動衛星低軌道／中軌道寬頻分碼進接多工系統的邏輯通道與實體通道間的映射情形

邏輯通道	鏈結方向	實體通道
廣播通道	下傳鏈路	主要共同控制實體通道
順向截取通道 呼叫通道	下傳鏈路	輔助共同控制實體通道
隨機交通通道	下傳鏈路	實體下傳共享通道
隨機截取通道 隨機交通通道	上傳鏈路	實體隨機截取通道
專用控制通道	上傳／下傳鏈路	專用實體資料通道
專用交通通道	上傳／下傳鏈路	專用實體資料通道
階層 1 信號	上傳／下傳鏈路	專用實體控制通道

道（Random Access Channel, RTCH）映射至實體下傳共享通道（Physical Downlink Shared Channel, PDSCH）。上傳鏈路隨機截取通道（Random Access Channel, RACH）和上傳鏈路隨機交通通道映射至實體隨機截取通道（Physical Random Access Channel, PRACH）。使用於上傳與下傳鏈路的專用控制通道（Dedicated Control Channel, DCCH）和專用交通通道（Dedicated traffic Channel, DTCH）映射至專用實體資料通道（Dedicated Physical Data Channel, DPDCH）、階層 1 信號（Layer 1 signaling）映射至專用實體控制通道（Dedicated Physical Control Channel, DPCCH）。

階層 1 信號通道主要在支援同調解調（coherent demodulation）、功率控制函數和可變化的傳輸速率。主要共同控制實體通道將會攜帶廣播控制通道訊息和一個框架同步字元（frame synchronization word, FSW）。具有固定傳輸速率，在 3.84 Mcps 模式下傳輸速率為 15 kbps，在 1.92 Mcps 模式下傳輸速率為 7.5 kbps。主要共同控制實體通道架構如圖 7.2 所示，一個框架為 10ms 或 20ms，包含 15 個時槽（time-slot）。每個時槽的前面 256 個 chips 不傳信號。接下來傳輸 4 個框架同步字元和 5 個廣播控制通道訊息符元。圖 7.3 顯示下傳鏈路專用實體資料通道和專用實體控制通道的架構圖，專用實體控制通道可以分成傳輸功率控制指令（Transmission Power Control, TPC）和擴增的 beam-forming 領航信號兩個部分，專用實體資料通道則攜帶上傳與下傳鏈路的專用控

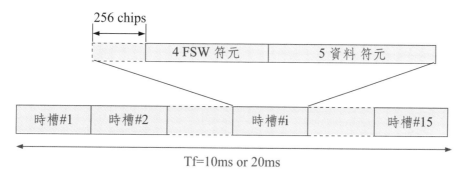

圖 7.2　主要共同控制實體通道架構

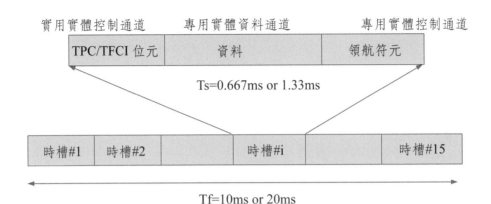

實用實體控制通道　　　　專用實體資料通道　　　　專用實體控制通道

| TPC/TFCI 位元 | 資料 | 領航符元 |

Ts=0.667ms or 1.33ms

| 時槽#1 | 時槽#2 | 時槽#i | 時槽#15 |

Tf=10ms or 20ms

圖 7.3　下傳鏈路專用實體資料通道和專用實體控制通道的架構圖

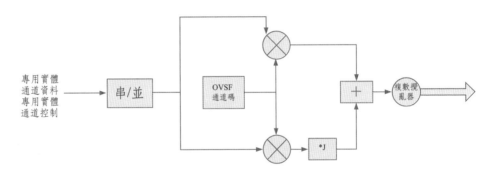

圖 7.4　下傳鏈路專用實體資料通道和專用實體控制通道調變方式

制通道和專用交通通道的內容資料。其調變方式描述於圖 7.4。首先下傳鏈路專用實體資料通道和專用實體控制通道經由串聯轉並聯的過程，接下來使用 Reed-Muller[9]通道碼進行編碼，使用 QPSK 調變機制，並使用複數攪亂碼進行攪亂。圖 7.5 描述上傳鏈路專用實體資料通道和專用實體控制通道的架構圖。其調變方式如圖 7.6 所示。我們再次重申，行動衛星低軌道／中軌道寬頻分碼進接多工系統本來就是 IMT-2000 計畫中的一個環節，其函數和地面寬頻分碼進接多工系統相近，在本章節我們僅就修正的部分進行介紹。

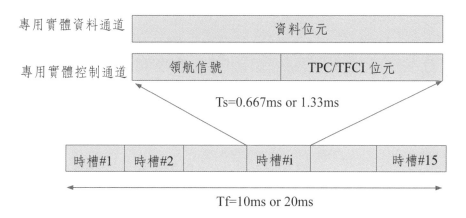

圖 7.5　上傳鏈路專用實體資料通道和專用實體控制通道的架構圖

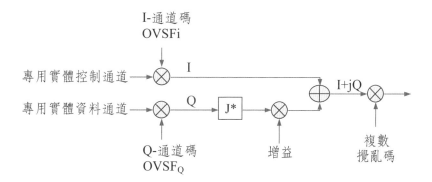

圖 7.6　上傳鏈路專用實體資料通道和專用實體控制通道調變方式

參考文獻

[1]　Payam Taaghol, *et. al.,* , "Satellite UMTS/IMT2000 W-CDMA Air Interfaces," *IEEE Commubications magazine,* pp.116-126, 1999.

[2]　Daniel Boudreau, et. al., "Wide-Band CDMA for the UMTS/IMT-2000 Satellite Component," *IEEE Transzctions on Vehicular Technology,* vol.51, No.2, March, pp.306-331, 2002.

[3]　Christian Dubuc, Daniel Boudreau and Francois Patenaude, "The Design and Simulated Performance of a Mobile Video Telephony Application for Satellite Third-Generation Wire-

less Systems," *IEEE Transactions on Multimedia*, vol.3, No.4, December, pp.424-431, 2001.

[4] Ray E. Sheriff and Y. Fun Hu, *Mobile Satellite Communication networks*, John Wiley & Sons, LTD, 2001.

[5] John Farserotu and Ramjee Prasad, *IP/ATM Mobile Satellite Networks*, Artech House, 2002.

[6] Timothy Pratt, Charles Bostian and Jeremy Allnutt, *Satellite Communications*, John Wiley & Sons, 2003.

[7] 3GPP TS 25.201 V6.2.0 (2005-06), *3rd Generation Partnership Project; Technical Specification Group Radio Access Network; Physical layer - General description*

[8] 3GPP TS 25.211 V6.7.0 (2005-12), *3rd Generation Partnership Project; Technical Specification Group Radio Access Network;Physical channels and mapping of transport channels onto physical channels (FDD).*

[9] 3GPP TS 25.212 V6.7.0 (2005-12), *3rd Generation Partnership Project; Technical Specification Group Radio Access Network; Multiplexing and channel coding (FDD).*

[10] 3GPP TS 25.213 V6.4.0 (2005-09), *3rd Generation Partnership Project; Technical Specification Group Radio Access Network; Spreading and modulation (FDD)*

[11] 3GPP TS 25.214 V6.7.1 (2005-12), *3rd Generation Partnership Project; Technical Specification Group Radio Access Network; Physical layer procedures (FDD).*

[12] 3GPP TS 25.215 V6.4.0 (2005-09), *3rd Generation Partnership Project; Technical Specification Group Radio Access Network; Physical layer - Measurements (FDD).*

[13] G. E. Corazza, F. Vatalaro,"A Statistical Model for Land Mobile Satellite Channels and its Applications to Non-Geostationary Orbit Systems," *IEEE Transcations on Vehicular Technology*, 43(2), 738-742, 1994.

[14] J. Goldhirsh, W. J. Vogel, "Mobile satellite System Fade Statistics for Shadowing and Multipath from Roadside trees at UHF and L-band," *IEEE Transactions on Antennas and Propagation*, 37(4), pp.489-498, 1989.

[15] M. S. Karaliopoulos, F. N. Pavlidou, "Modelling of the Land Mobile Satellite Channel:A Review," *Electronics&Communications Engineering Journal*, 11(5), pp.235-248, 1998.

[16] C. Loo, "A Statistical Model for a Land Mobile Satellite link," *IEEE Transcations on Ve-*

hicular Technology, 34(3), pp.122-127, 1985.

[17] E. Lutz, D. Cygan, M. Dippold, F. Doliansky, W. Papke, "The Land Mobile Satellite Communication Channel-Recording, statistics and Channel Model, "*IEEE Transcations on Vehicular Technology*, 40(2), 375-386, 1991.

[18] G. E. Corazza and C. Caini,"Satellite diversity exploitation in mobile satellite CDMA systems," *IEEE Wireless Communication and Networking Conference*, Sept., pp.1203-1207, 1999.

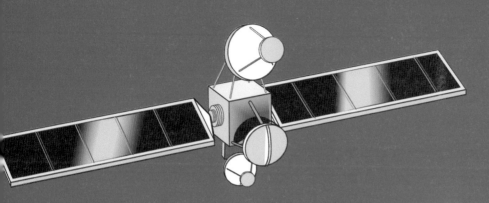

第八章
蜂巢式行動通訊系統
網路架構

在 1999 年 4 月，3GPP 組織推出寬頻分碼進接多工系統 R99 版本，其核心網路延續了第二代 GSM 和第二點五代行動通訊系統的核心網路特性。在本章節我們將對 GSM 網路、GPRS 網路、WCDMA 網路進行介紹。

第一節　GSM 網路

8.1.1　GSM 網路架構

圖 8.1 為 GSM 網路架構。行動用戶終端至基地臺之間使用 Um 無線網路界面進行通聯。整個 GSM 網路包括基地臺控制中心（Base Station Controller, BSC）、行動交換中心（Mobile Switching Center, MSC）、拜訪位置暫存器（Visitors Location Register, VLR）、歸屬位置暫存器（Home Location Register, HLR）、授權中心（Authentication Center）設備識別暫存器（Equipment Identity Register）和短訊息中心（Short Message Service Center）。其中基地臺控制

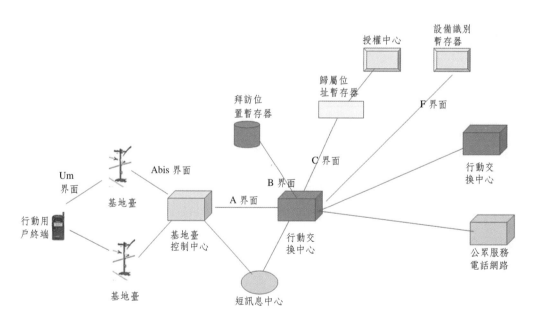

圖 8.1　GSM 核心網路架構

中心的功能在於整合一個叢集內所有基地臺涵蓋用戶的訊息，並傳遞至行動交換中心。行動交換中心為網路的核心部分。可以從拜訪位置暫存器、歸屬位置暫存器和授權中心資料庫中獲得系統目前所有使用者的資訊，來進行通話接續、計費、基地臺間的切換、行動交換中心的切換和輔助性無線資源管理的功能、行動性管理的功能。行動交換中心是蜂巢網路的神經中樞，一個蜂巢網路中可能有好幾個行動交換中心，每個行動交換中心負責數個細胞區域與基地臺的話務作業。行動交換中心可以做通話的路由導引，傳送指令給基地臺。行動交換中心可以做通話的路由導引，傳送指令給基地臺。每個蜂巢網路只有一個路由閘行動交換中心。假若通話目標位於傳統的電話網路，路由閘行動交換中心同樣可以送到指定的網路，路由閘行動交換中心也可能送通話請求給其他的蜂巢網路，不過這需要兩個蜂巢之間有漫遊的協定。拜訪位置暫存器儲存了行動交換中心所涵蓋的行動使用者用戶資料，包括用戶號碼、用戶所在位置區域資訊、用戶狀態和用戶服務資料……等。這些資料會依據歸屬位置暫存器資訊動態更新。歸屬位置暫存器儲存管理部門用於行動用戶資料，包括行動用戶識別號碼、訪問能力、用戶類別、加值服務、行動用戶目前所處位置的資訊。每個行動用戶在開機時，需要在歸屬位置暫存器進行註冊登記。授權中心為GSM系統的安全管理中心，主要的功能在於驗證用戶身分的合法性和對無線界面上的語音、資料、信令信號進行加密，防止未經授權的用戶非法接入以保證行動用戶的通信安全。短信息中心則主要使用來處理簡訊業務。

蜂巢電話有內部記憶體，行動辨識碼會儲存在裡頭，包含手機的電話號碼、手機連接的系統辨識號碼與用戶的付費項目等資訊。當手機開機以後會開始接收來自基地臺的信號，裡面有手機連接的系統辨識號碼以及手機向網路認證的方法，有時候手機會收到來自多個基地臺的訊號，這時手機將選擇最強的訊號，與該基地臺連結，而且每隔數分鐘手機會再度做選擇，讓使用者維持最好的收訊狀態。手機將收到的系統辨識號碼和自己儲存的系統辨識號碼相比較，假如一樣的話，表示手機位於所屬的網路中。假如系統辨識號碼不相符，

則手機進入漫遊模式，試著連上所在網路，一般這種狀況會付較高的費率。不管在所屬的網路或其他的網路中，手機都要提供自己的電話號碼與機身序號，這些資訊號送到行動交換中心，行動交換中心把資料儲存在歸屬位置暫存器資料庫，這時候行動交換中心到手機的位置與所屬基地臺，這些資訊可以用來安排接下來的通話路徑。只要手機是在開機狀態，每隔幾分鐘就會與基地臺交換資訊，並且將資訊傳給行動交換中心來更新歸屬位置暫存器資料庫，因此即使沒有通話，網路系統還是知道手機位置。當我們撥號時並沒有真正連上網路，撥完號碼按<送出>鍵以後，網路會確認手機目前連上適當的頻道，行動交換中心決定頻道後將資訊透過基地臺送到手機上，接著手機把行動辨識碼、機身序號與要打的號碼送出，經由基地臺送達行動交換中心，行動交換中心確認手機真實性之後，把通話請求送給路由閘行動交換中心。路由閘行動交換中心依據撥號的目的地把通話請求送往目標網路，路由閘行動交換中心與對方網路系統交換傳訊資訊，確認系統之間連線正常，接著收話者就會聽到電話鈴聲，接到電話以後就開始通話。假如有人打我們手機的號碼，通話的請求會送到我們所在網路的路由閘行動交換中心上。路由閘行動交換中心把通話請求送到行動交換中心，行動交換中心從歸屬位置暫存器資料庫找出手機所在地位置，搜尋該與哪個細胞區域內的基地臺連絡，接著行動交換中心與基地臺連絡，基地臺傳輸呼叫請求給手機，手機收到呼叫請求後要求基地臺開始通話，基地臺告知行動交換中心，然後行動交換中心再通知路由閘行動交換中心，路由閘行動交換中心與對方網路交換，確認系統之間的連線正常，接著我們就會聽到電話鈴聲，接了電話以後就開始通話。

8.1.2 GSM 網路架構

　　GSM 通訊架構主要是依據 ISO/OSI 參考模型擴增蜂巢式無線網路架構函式所發展而來。階層一到階層三 GSM 信號協定架構和它在網路節點的分布顯示在圖 8.2。在網路控制信息傳遞的網路架構，行動臺和基地臺之間使用 Um

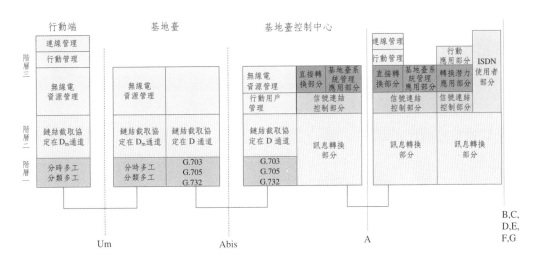

圖 8.2　GSM 網路架構

介面，行動臺和基地臺控制器之間使用 Abis 介面，基地臺控制器和行動交換中心之間使用 A 界面。連結擷取協定 Dm 通道（Link Access Protocol on Dm Channel, LAPD）位於階層二，由ISDN LAPD 協定修正而來，主要功能在於保護資料從行動臺到基地臺的無線介面傳輸。無線資源管理（Radio Resource management, RR）階層主要功能在於處理通道和頻率管理相關事宜，包含架設、維持和結束無線資源管理階層的連結，主要使用於行動端和網路間的點對點通訊、蜂巢選擇和交遞策略（handoff）。行動管理階層（Mobility Management, MM）主要功能在於維持行動平臺行動性的所有函數，包括註冊、位置更新和認證。連線管理（Connection Management, CM）階層主要功能在於電路交換的架設、維持和結束。行動交換中心和拜訪位置暫存器間使用 B 界面進行傳輸。行動交換中心使用B界面向拜訪位置暫存器傳輸漫遊用戶位置資訊，並在呼叫建立時，向拜訪位置暫存器查詢漫遊用戶相關的用戶資訊。行動交換中心和歸屬位置暫存器間使用 C 界面進行傳輸。行動交換中心使用 C 界面向歸屬位置暫存器查詢被呼叫使用者的路由資訊，由歸屬位置暫存器提供路由。拜訪位置暫存器和歸屬位置暫存器間存在著 D 界面，傳輸位置資訊、路由資訊和業務資訊……等用戶資料資訊。行動交換中心和行動交換中心之間存在著

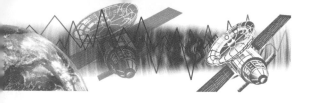

E界面，使用於越局頻道轉接。傳送控制兩個行動交換中心之間話路接續，和常規電話網路的局間交的信令。行動交換中心和設備識別暫存器之間存在著F界面，使用於行動交換中心向設備識別暫存器查詢使用者設備的合法性。當使用者由某一個拜訪位置暫存器進入另一個拜訪位置暫存器間覆蓋區域時，新舊拜訪位置暫存器之間通過該界面交換必要的資訊，僅使用於數位行動通訊系統。

第二節　GPRS 核心網路

8.2.1　GPRS 核心網路

圖 8.3 為 GPRS 核心網路。由圖中我們可以瞭解 GPRS 核心網路是由 GSM 核心網路衍生而成的。增加了 SGSN（服務 GPRS 支援節點）和 GGSN（閘道 GPRS 支援節點）兩種網路元件和 Gb、Gn/Gp、Gi、Gr、Gf、Gd、Gs、Gc 等界面。服務 GPRS 支援節點和閘道 GPRS 支援節點是實現 GPRS 業務的核心實體元件，通稱為 GSN（GPRS 支援節點）。服務 GPRS 支援節點主要在於提供使用者行動管理、路由選擇等服務的節點。閘道 GPRS 支援節點則使用於接入外部數據網路和業務的節點。在上述界面中，Gs 和 Gc 界面都是可選用的界面，需要服務 GPRS 支援節點、行動交換中心和拜訪位置暫存器的配合，藉以實現聯合位置更新等功能。經由 GPRS 進行 CS 尋呼功能時，就應選用 Gs 界面；如果選用 Gc 界面，則閘道 GPRS 支援節點可直接從歸屬位置暫存器獲得位置資訊；如果未選用 Gc 界面，則閘道 GPRS 支援節點需通過其他服務 GPRS 支援節點或閘道 GPRS 支援節點從歸屬位置暫存器獲得位置資訊。這裡，歸屬位置暫存器主要的功能在於維護 GPRS 簽約資料和路由資訊，提供服務 GPRS 支援節點和閘道 GPRS 支援節點使用。在需要 GPRS 與其他 GSM 業務進行配合時選用 Gs 界面，例如，使用 GPRS 實現電路交換業務的尋呼，GPRS 與 GSM 聯合進行位置更新等，此時，行動交換中心和拜訪位置暫存器除了儲存使用者的用戶永久身分標識外，還需儲存同附著在 GPRS 和 GSM 電路業務上的使用

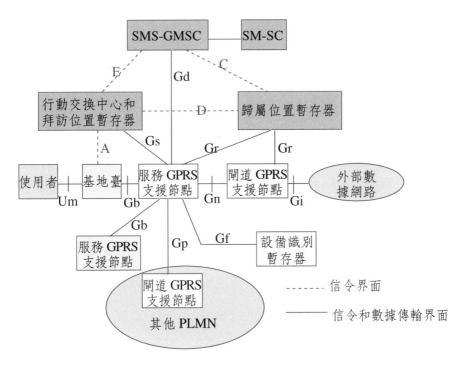

圖 8.3　GPRS 核心網路

者之服務 GPRS 支援節點。

　　來自使用者的用戶信令與資料，在基地臺之後分流，電路業務經由 A 界面至行動交換中心和拜訪位置暫存器進入 GSM 核心網路，分封業務則經 Gb 界面至服務 GPRS 支援節點進入 GPRS 骨幹網路。基地臺控制中心與服務 GPRS 支援節點之間可以利用框訊中繼（frame Relay）方式相連，信令和資料都在這個傳輸平臺中傳送，框訊中繼支援請求頻寬，線路使用率較高，費用較低，適用於分封數據傳輸。此外，在業務量不太大的情況下，Gb 界面也可以暫時共用原 GSM 網路 A 界面的傳輸資源。在行動交換中心經過多工處理之後，再將 GPRS 資料流程送往服務 GPRS 支援節點。在 GPRS 骨幹網路內部和 GSN 實體之間藉由 Gn 界面相連，它們之間的信令和資料傳輸都是在同一傳輸平臺中進行的，所利用的傳輸平臺可以在 ATM、乙太網路（Ethernet）、數位資料網

路（Digital data Network, DDN）、ISDN、框訊中繼等現有傳輸網路中選擇。
GPRS骨幹網路中的服務GPRS支援節點和閘道GPRS支援節點，藉由Gr/Gc、
Gs、Gf、Gd 等界面分別與歸屬位置暫存器、行動交換中心和拜訪位置暫存
器、設備識別暫存器、SMS-GMSC等原有的GSM網路元件相連，這些實體之
間的通信只涉及信令，利用SS7 網路進行通信。其中當使用者需要通過GPRS
無線通道來發送／接收短訊息時，服務 GPRS 支援節點通過 Gd 界面和路由閘
行動交換短訊息中心（SMS-GMSC）連接。GPRS骨幹網路通過閘道GPRS支
援節點和 Gi 界面與外部數據網路（PDN）互連。外部數據網路可以是網際網
路、X.25 等公眾交換網路。其中，Gi 界面應是與外部數據網路相應的界面，
即與不同的外部數據網路互連時，Gi 界面也不同。

8.2.2　GPRS 核心網路界面

　　圖 8.4 為 GPRS 傳輸協定平臺。其中基地臺至服務 GPRS 支援節點間使用
Gb 界面。Gb 界面包含 L1bis 實體傳輸層；基於訊框中繼，用於傳送上層的
BSSGP PDU 協定的網路業務（Network Service）；和用於基地臺至服務 GPRS
支援節點間，提供一條無連接（Connectless）的鏈路，進行無確認的資料傳送
但不保證送達的 BSSGP 協定。Gb 界面採用 BSSGP 協定來傳送與無線相關的
服務品質參數、路由等資訊，處理尋呼請求，對資料傳輸實現流量控制。而使
用於服務 GPRS 支援節點和閘道 GPRS 支援節點間的 Gn 界面包括：L1/L2 的
底層傳輸網路相關協定，底層傳輸網路可以是 ATM、乙太網路、數位資料網
路、ISDN 和訊框中繼等。UDP 主要提供 CRC 校正，用於承載不要求可靠傳
輸的GTP PDU。TCP 則主要提供流量控制以及封包漏失和CRC校正，用於承
載要求可靠傳輸的GTP PDU。IP協定則使用於骨幹網路的傳輸路由選擇。GTP
協定則使用於GPRS骨幹網路中GPRS支援節點之間，進行資料和信令的通道
傳輸，它將用戶的PDP PDU用GTP表頭封裝起來，用於標定特定用戶。另外
服務GPRS支援節點和歸屬位置暫存器、設備識別暫存器和短訊中心間的Gr、

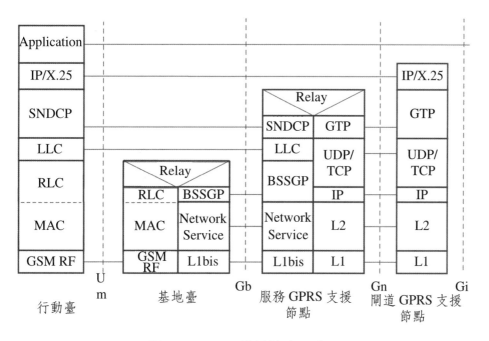

圖 8.4　GPRS 傳輸協定平臺

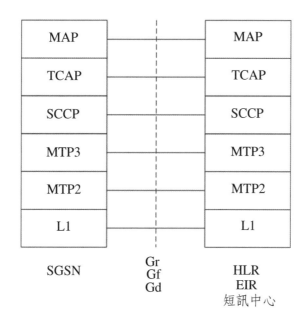

圖 8.5　Gr、Gf 和 Gd 界面之間的信令協定平臺

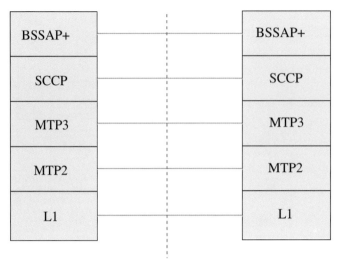

BSSAP+	BSSAP+
SCCP	SCCP
MTP3	MTP3
MTP2	MTP2
L1	L1

服務 GPRS 支援節點　　　Gs　　行動交換中心／拜訪位置暫存器

圖 8.6　Gs 界面

Gf 和 Gd 界面之間的信令協定平臺如圖 8.5 所示。它們之間使用支援 GPRS 的 MAP 協定，利用 SS7 協定進行傳送，實現授權、登記、行動性管理以及短訊息傳送等功能。位於服務 GPRS 支援節點和行動交換中心／拜訪位置暫存器之間的 Gs 界面，如圖 8.6 所示。使用 BSSAP+（Base Station system Application Part+）協定，實現聯合的行動性管理、尋呼等功能，也是利用 SS7 進行傳送。

第三節　WCDMA 核心網路

8.3.1　WCDMA R99 核心網路

　　WCDMA R99 通訊模組如圖 8.7 所示。由用戶設備模組和基礎設施模組所組成。用戶設備模組包括行動設備模組，即用戶端的無線傳輸設備，俗稱話機和內嵌在 IC 卡的 USIM 模組。基礎設施模組則包含全部的網路元件。(i)所有與無線技術緊密相關的實體元件所組成的接入網路模組。(ii)由服務網路模組、

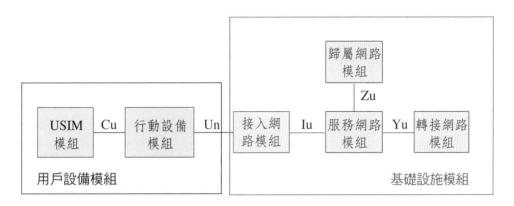

圖 8.7　WCDMA R99 **通訊模組**

轉接網路模組和歸屬網路模組所組成的基礎設施模組。其中服務網路模組和轉接網路模組位於電路交換層和分封網路層。歸屬網路模組則永久儲存所有用戶相關資料，並管理用戶的註冊資訊。

WCDMA R99 為第一版的 WCDMA 核心網路。目前在測試開通的 WCDMA 網路，即是 R99 這個版本。此核心網路結合 GSM 和 GPRS 核心網路的所有特徵。核心網路分為電路交換層和分封網路層，電路交換層使用 GSM 核心網路架構，分封網路層使用 GPRS 核心網路架構，架構圖如 8.8 所示。WCDMA 網路架構延續 GSM/GPRS 網路架構。相對於 GPRS，WCDMA R99 增加了服務級別的概念，分封網路層的業務品質保證能力的提昇與頻寬的增加。R99 網路具有如下網路特徵：

(i) R99 核心網路在網路架構、界面和協定等方面，繼承了 GSM 和 GPRS 核心網路的特點，展現對現有網路的延續性。

(ii) 為了提昇資料傳輸速率，R99 網路在無線接入網路 lu、lur、lub 等界面引入了 ATM 界面，在空中界面中採用 WCDMA 技術。

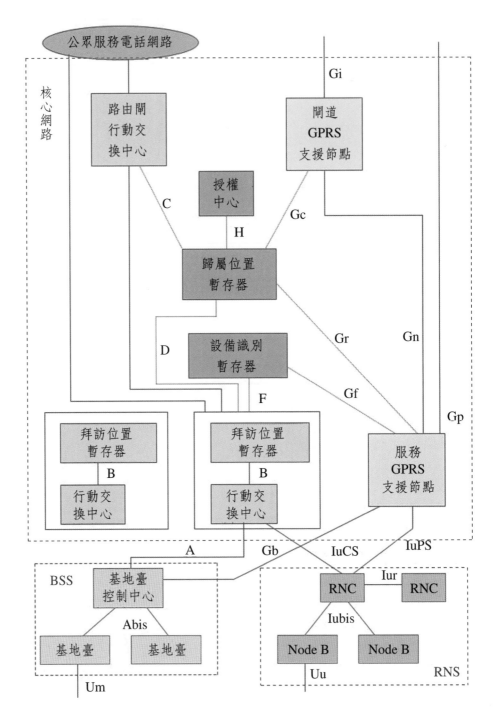

圖 8.8　WCDMA R99 網路架構

(iii) R99 核心網路在網路架構上，並沒有採用分層的體系結構，和 GSM/GPRS 網路架構相似。

(iv) 控制和承載並未分離，仍然是在同一個實體(G)MSC中實現業務控制、承載控制和話路承載功能。

(v) 核心網路內部骨幹傳輸，在電路交換層是基於 TDM 的技術，在分封網路層是基於 IP 技術，沒有實現核心傳送層在 ATM/IP 層的整合。

　　和 GSM/GPRS 核心網路進行比較，R99 的網路管理系統在結構上和 GSM 網路相同，自下而上可分為網路單元層、網路單元管理層和網路管理層，其中網路單元層和網路單元管理層僅針對於單個設備，而網路管理層則是傾向於集中管理。R99 網路的計費系統在架構上與 GSM 相同，但在計費功能和通聯記錄的描述上會有所不同，需要涉及更改的有通話記錄採集單元等。在用戶的安全機制方面，GSM 由 AuC 提供三個核心授權組件，簡稱授權三元組：通話記錄採集單元和通話記錄處理軟體。採用 A3/A8 演算法對用戶進行授權及業務加密；R99 由 AuC 提供五個核心授權組件，簡稱授權五元組：定義了新用戶加密演算法（UEA），並採用 Authentication Token 機制，以增強在用戶鑑別機制上的安全性。在網路設備方面，由於 R99 網路中，作為網路資源的 TMSC、GMSC、HLR/AuC、SCP 等設備，由於在網路架構和功能上與 GSM 相同，僅需在軟體層面上進行更動即可。

8.3.2　WCDMA R4 網路

　　R4 電路交換層基於承載與控制分離的思考邏輯，採用了行動軟交換技術，實現了核心網路電路交換層的 IP 傳輸。相對於 R99，R4 無線接入網路的網路架構並沒有太大的變化，改變的是一些界面協定的特性和功能的增強。然而在核心網路電路交換層部分則變化較大。由於使用控制和承載分離的設計，核心

網路行動交換中心實質上分為行動軟交換和媒體閘道兩個部分。行動軟交換系統主要完成對行動交換中心／閘行動交換中心中的行動性控制、呼叫控制功能、軟交換設備的媒體閘道接入控制、協定處理、路由、計費功能，以及拜訪位置暫存器功能，並可以向用戶提供現有電路交換機所提供的業務以及多樣化的第三方業務。媒體閘道可以提供接入 2G/3G 的 BSS/RNS，並可完成不同網路間，串流媒體格式間的轉換。圖 8.9 為 R4 網路架構，具有如下的特徵：

(i) 網路體系結構具有層次化的特徵；核心網路自上而下分為業務層、核心控制層、核心交換層和接入層等；

(ii) 接入網路：通過媒體閘道，實現了 UTRAN 到 ATM/IP 網路以及與公眾服務電話網路網路串流媒體之間的轉換，媒體閘道分布在不同的本地網路，採用分散式接入的方式；

(iii) 核心交換層：基於 ATM/IP 的骨幹傳輸層，實現多業務傳輸；

(iv) 核心控制層：基於行動軟交換的呼叫控制以及業務控制、用戶資料庫管理等功能。

R4 相對於 R99 網路主要有以下優點：

(i) 網路由 TDM 中心節點交換型，演進為典型的分封語音分散式體系架構；

(ii) 網路採用開放式結構，業務邏輯與底層承載相分離，語音分封化，由封包方式承載，UTRAN 與核心網路語音承載方式，均由分封方式實現；

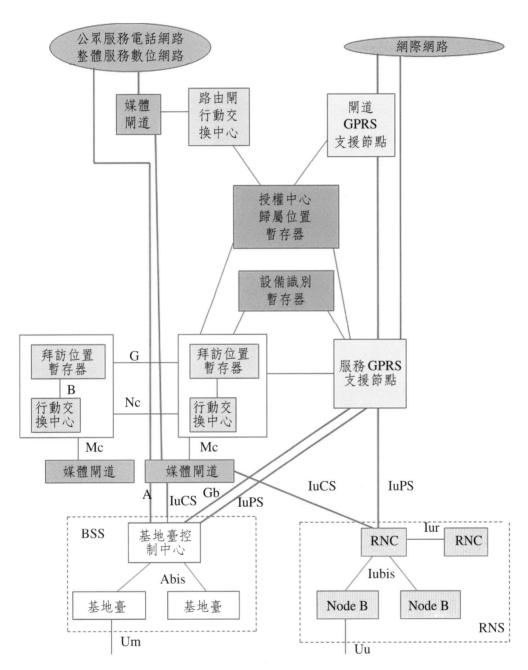

圖 8.9　WCDMA R4 網路架構

(iii)由於最佳化了語音編碼轉換器，改善了 WCDMA 系統網路內部，語音封包的時間延遲，提昇了語音品質，編解碼轉換有可能只需在與 PSTN/GSM 互通時，需要在互通閘道上實現，同時提昇了核心網路傳輸資源的使用率。

(iv)同時，由於語音採用統計型多工的方式傳遞，相對於 TDM 64K 電路頻寬的靜態分配而言，可提昇傳輸網路的效率，實現網路頻寬的動態分配。

參考文獻

[1] 張智江等，3G 第三代行動通訊網路技術，松崗電腦圖書有限公司，2006。

[2] 顏春煌，行動與無線通訊，金禾出版社，2004。

[3] Harri Holma, and Antti Toskala, *WCDMA for UMTS-Radio Access for Third Generation Mobile Communications*, John Wiley & Sons, 2002.

[4] 付景興、馬敏、陳澤強、和周華譯，第三代行動通訊系統的無線電存取技術與系統設計，五南圖書，民 94。

[5] 張英彬編著，第三代行動通訊系統，儒林公司，民 94。

[6] 3GPP TS 23.205 : "Bearer Independent CS Core network; Stage 2'

[7] 3GPP TS 29.232 : "Media Gateway Controller; Media gateway Interface; Stage 3"

[8] 3GPP TS 29.414 : "Core Network Nb Data Transport and transport Signaliling"

[9] 3GPP TS 29.415 : "Core network Nb user Plane Protocols : Stage 3'

[10] 3GPP TS 23.153: "Out of band Transcoder Control : Stage 2"

[11] 3GPP TS 25.413 : "UTRAN Lu Interface RANAP Signalling"

[12] 3GPP TS 24.008 : "Mobile Radio Interface layer 3 specification; Core Network Protocols: Stage 3"

[13] 3GPP TS 29.202: "SS7 Signalling Transport in core Network: stage 3"

[14] Ray E. Sheriff and Y. Fun Hu, *Mobile Satellite Communication networks*, John Wiley & Sons, LTD, 2001.

[15] 3G TS 25.301 Radio Interface Protocol Architecture

[16] 3G TS 25.303 UE Functions and Interlayer Procedures in Connected Mode

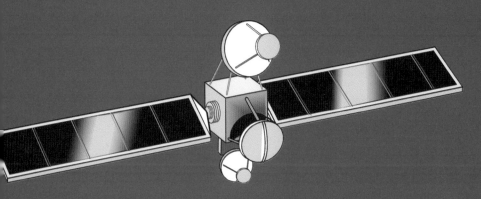

第九章
衛星網路架構

我們在第八章已經對 GSM 網路、GPRS 網路、WCDMA 網路進行介紹。在這個章節我們將針對衛星網路架構進行闡述。

第一節　銥計畫行動衛星網路

銥計畫系統為一個行動衛星個人通訊網路，設計來提供廣域語音、資料及傳真電話服務，通訊範圍遍及世界的每一個角落。銥計畫包含 66 顆衛星，衛星和衛星間可直接進行通訊。同時，這 66 顆會追蹤行動使用者的位置、藉由地面站的閘道（Gateway）網路計算路由、建立行動使用者的初始通訊和行動使用者通訊的移除。一般銥計畫行動衛星個人通訊網路會搭配 GSM 個人通訊網路，形成一個銥計畫／GSM 雙模式系統，超越時間和空間的限制，達成任何時間、任何地點均能進行行動通訊服務的目的。

摩托羅拉（Motorola）是銥計畫系統的推動者，規劃於西元 1988 年，初始計畫以 77 顆低軌道衛星構成行動衛星網路，其衛星分布位置和銥元素電子分布圖一致，因此命名為銥計畫行動衛星個人通訊網路，在 1996 年第一組銥計畫衛星開始運行，目前具有 66 顆衛星運行。66 顆衛星包含 6 個軌道平面，每個軌道平面包括 11 個衛星。銥計畫系統使用 GSM 電話架構提供數位交換電話網路和全球通訊服務。全球漫遊是銥計畫系統的設計考量。圖 9.1 為銥計畫的系統簡介。衛星和衛星間使用 22.55-23.55GHz 的 K 頻段進行通訊，衛星和地面站間下傳鏈路傳輸使用 K 頻段 18.8-20.2GHz，衛星和地面站間上傳鏈路傳輸使用 K 頻段 27.5-30GHz。衛星和行動使用者上傳鏈路間傳輸使用 1,610-1,626.5MHz 的 L 頻帶，下傳鏈路傳輸則使用 2,483.5-2,500MHz 的 L 頻帶。

圖 9.2 為銥計畫系統控制架構圖，管理衛星電話網路和衛星在天空上的位置。系統控制的功能主要在管理銥計畫通訊網路，例如，電話呼叫連結和系統

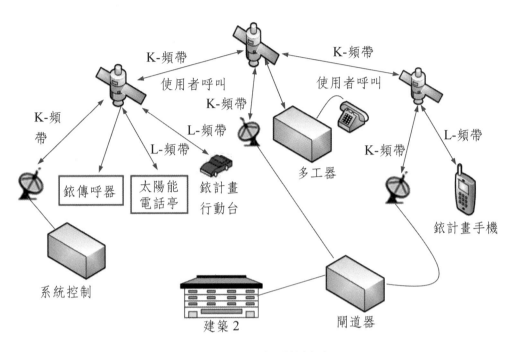

圖 9.1　銥計畫系統簡介

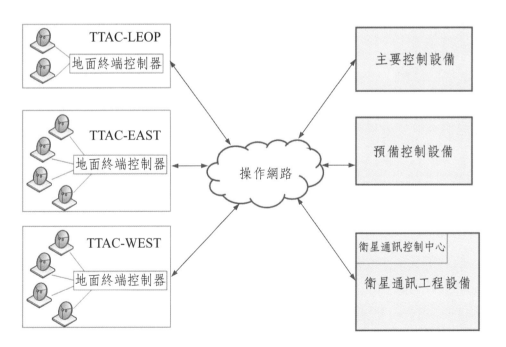

圖 9.2　銥計畫系統控制架構圖

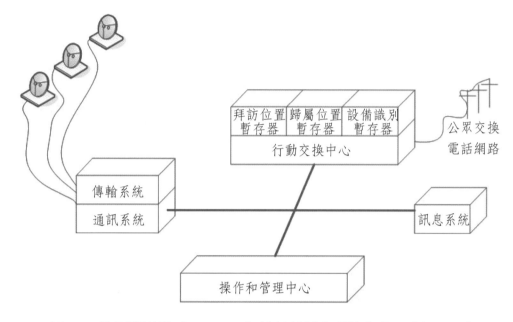

圖 9.3　地面閘道器（Gateways）連結銥計畫系統和公眾交換電話網路

控制函數，包含衛星軌道的維持和衛星狀態的監控。圖 9.3 描述地面閘道器
（Gateways）連結銥計畫系統和公眾交換電話網路的情況。這些閘道器處理呼
叫架設和通話移除，使用者位置計算和計費功能。當銥計畫的用戶購買手持式
設備時，將會配置一個歸屬閘道器。當使用者旅行離開歸屬閘道器服務範圍
時，銥計畫系統會依據使用者位置配置拜訪閘道器。

第二節　ETSI 同步衛星行動無線介面規格

　　ETSI同步衛星行動無線介面規格（ETSI GEO-Mobile Radio Interface Speci-
fications, GMR），主要描述同步衛星系統和GSM系統連接時所需的網路架構
和需求。使用 GSM 協定來載送衛星網路控制函數。圖 9.4 為 GMR 系統的函
數界面。類似 GSM 協定的 Um 界面，使用 S-Um 介於閘道傳輸系統和行動臺
之間。閘道次系統和閘道行動交換中心的界面使用 A-界面進行通聯。A-界面

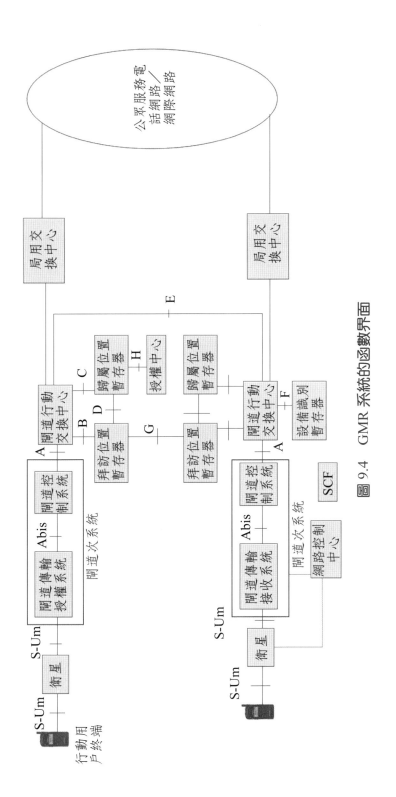

圖 9.4　GMR 系統的函數界面

主要使用於載送閘道次系統管理，呼叫程序處理和行動函數管理。內部閘道次系統 Abis 界面使用於閘道次系統到閘道地面站控制中心通聯。Abis 界面提供 GMR 使用者服務，包括無線設備控制和閘道無線頻率配置。行動交換中心使用 B 界面更新區域資料並儲存於拜訪位置暫存器。當行動交換中心進行行動使用者位置更新，行動交換中心將相關資訊儲存於拜訪位置暫存器。行動交換中心藉由 C 界面於拜訪位置暫存器去觀察行動使用者位置資訊。轉繼閘道行動交換中心和其他行動交換中心使用 E 界面進行轉接（handover）。閘道行動交換中心和認證中心間使用 F 界面進行通聯，提供使用者的認證程序。在不同的拜訪位置暫存器和不同閘道行動交換中心間使用 G 介面傳輸使用者資料。在拜訪位置暫存器和認證中心間使用 H 介面進行通聯。當一個拜訪位置暫存器接收到行動使用者的認證程序，如果資料沒有儲存於拜訪位置暫存器，他將會傳輸一個需求到認證中心去觀察資料。

接下來我們介紹地面系統和衛星系統的交遞策略[5]。一個手持式接收機於地面網路進行通訊，位於地面網路的邊緣，朝向衛星網路移動交遞（handover）策略。其架構圖如圖 9.5 所示。行動使用者首先於基地臺進行連接，基地臺和行動交換中心連接，行動交換中心和公眾服務電話網路相連結，在交遞策略之後，行動使用者和地面站相連結，地面站和行動交換中心相連結，行動交換中心和公眾服務電話網路相連結。對於圖 9.6 衛星至地面網路的交遞策略，交遞前，首先手機和衛星相連結，衛星和地面站相連結，地面站和行動交換中心相連結；換手後，行動使用者和基地臺相連結，基地臺和行動交換中心相連結，行動交換中心和公眾服務電話網路進行通聯。

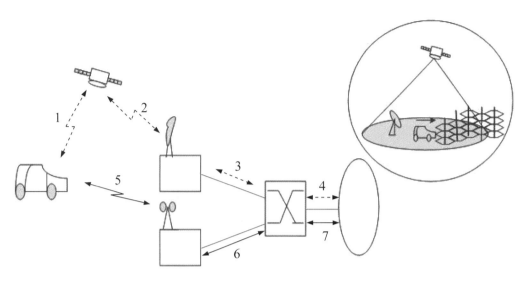

圖 9.5 地面網路朝向衛星網路移動交遞策略

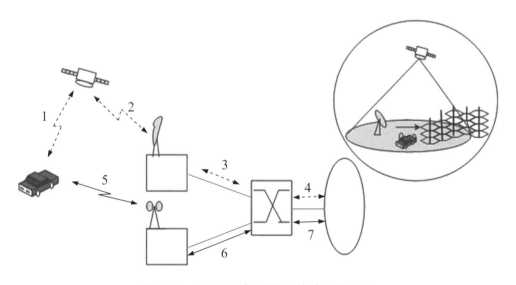

圖 9.6 衛星至地面網路的交遞策略

第三節 全球通行動衛星網路

　　全球通是一個以衛星建構的蜂巢式行動電話網路系統。全球通由 48 顆低軌道衛星分成 8 個平面，每個平面包含 6 個衛星。圖 9.7 描述閘道器架構圖。包括犁耙式接收機、歸屬閘道器和拜訪位置暫存器對於加密、多工、漫遊和計費方式。經由交換機連接 GSM 界面和歐洲蜂巢式行動通訊系統介面。手持式設備為雙模或三模式手機，操作於全球通行動通訊系統和數個地面蜂巢式行動通訊系統，包含三個通道的犁耙式接收機接收多衛星信號。圖 9.8 為全球通世界廣域網路。包括基地臺控制器、基地臺傳輸接收站、歸屬閘道器、行動交換中心、公眾陸地行動網路和拜訪位置暫存器。

第四節 衛星無線界面和無線資源管理策略

　　在這個章節我們將要介紹使用同步衛星傳輸多媒體廣播網路。我們描述衛星系統無線擷取技術，其界面近似 T-UMTS WCDMA 界面。多媒體傳輸為第三代行動通訊網路的重要應用，需要大的系統傳輸頻寬。由於衛星廣播的特性，使得衛星相當適合進行點至多點傳遞服務的傳輸平臺。衛星行動通訊網路和地面行動通訊網路的結合可以降低整個系統的發展成本，為一個具有前瞻性的市場潛力。我們所考量的是一個有效率的全方向衛星系統。此衛星系統和封包式地面 UMTS 系統進行整合，圖 9.9 為衛星系統和封包式地面 UMTS 系統整合架構圖。包括 UMTS 無線擷取網路、UMTS 衛星無線擷取網路和 UMTS 核心網路，其中衛星仍然扮演轉繼的角色。無線網路控制器和節點 B 結合形成衛星閘道。

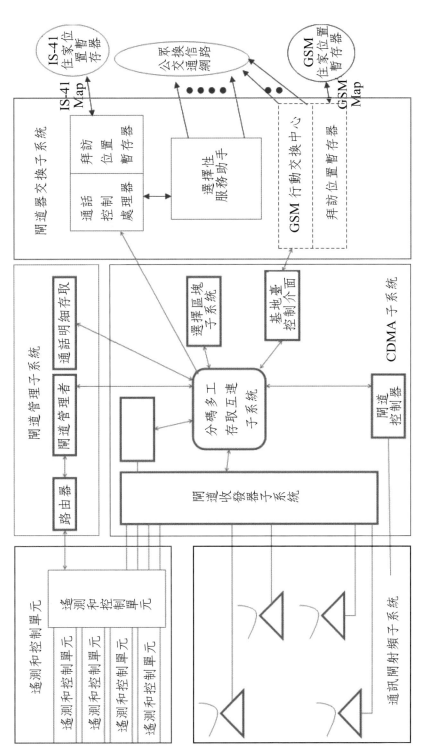

圖 9.7 全球通閘道器架構圖

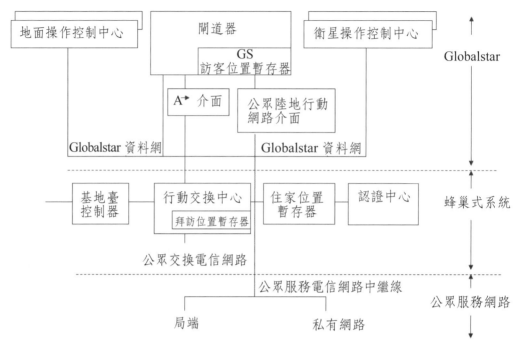

圖 9.8 全球通世界廣域網路

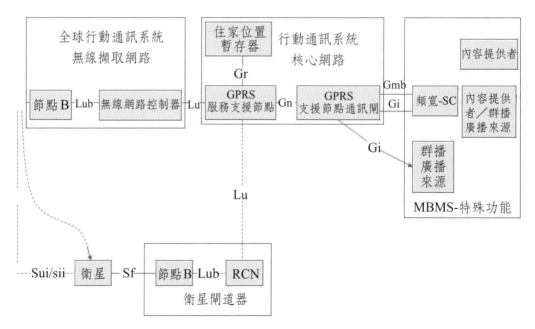

圖 9.9 衛星系統和封包式地面 UMTS 系統整合架構圖

參考文獻

[1] Kris Maine, Carrie Devieux, and Pete Swan, "Overview of IRIDIUM Satellite Network, " *Microelectronics Communications Technology Producing Quality Products Mobile and Portable Power Emerging Technologies.*

[2] "GEO-Mobile Radio Interface Specifications: GMR-2 General System Description," *ETSI TS101377-01-03*, GMR-2 01.002, 1999.

[3] "GEO- Mobile Radio Interface Specifications: Network Architecture", *ETSI TS101377-03-02*, GMR-2, 03.002, 1999.

[4] Ray E. Sheriff and Y. Fun Hu, *Mobile Satellite Communication networks*, John Wiley & Sons, LTD, 2001.

[5] EC ACTS Project SINUS, "System Architecture Specifications," *CEC deliverable AC212 AES/DNS/DS/P222-B1*, October 1997.

[6] Fred J. Dietrich, Paul Metzen, and Phil Monte, "The Globalstar Cellular Satellite System," *IEEE Transactions on antennas and propagation*, vol. 46, No.6, June 1998.

[7] **Merkouris Karaliopoulos,** *et al.,* "Satellite Radio Interface and Radio Resource Management strategy for the Delivery of Multicast/Broadcast services via an Integrated satellite-Terrestrial System," *IEEE Communications Magazine* , pp.108-117, 2004.

[8] P. I. Philippopoulos, N. Panagiotarakis, and A. Vanelli-Coralli, "The Role of S-UMTS in Future 3G Markets," *Business Briefing, Wireless Tech. 2003*, World Markets Rese. Ctr. Ltd. (http://www.wmrc.com), Jan. 2003.

[9] T. Severijns et al., "The Intermediate Module Concept within the SATIN Proposal for the S-UMTS Air Interface," *IST Mobile Summit 2002*.

[10] K. Narenthiran et al., "S-UMTS Access Network for Broadcast and Multicast Delivery: The SATIN Approach," *Int'l. J. Satellite Commun. and Net.*, 2004.

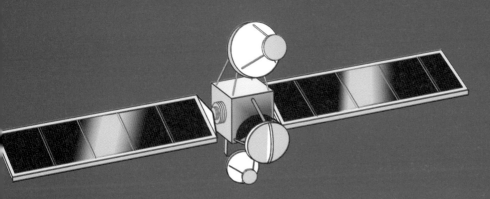

第十章
下一世代行動
衛星通訊系統

　　行動通訊產業正在蓬勃發展，第三代蜂巢式行動通訊系統也已經陸續在建置當中，不過對於海洋、山區、偏遠地區、叢林、沙漠等地區及天空上的航空器，明顯地，地面上的蜂巢式行動通訊系統對這些通訊環境而言並不適合；另一方面，隨著人類環保意識的抬頭，地面上的蜂巢式行動通訊系統基地臺之建置也愈來愈困難，因此行動衛星通訊扮演的角色也就日漸重要。下一世代之行動衛星通訊系統和第四代蜂巢式行動通訊系統一樣，是以具有大量資料即時傳輸特性的無線多媒體通訊服務為設計標的。然而，L-, S-, C-, 以及 Ku 等頻帶的利用呈現出飽和狀態，相形之下，Ka 頻帶則無此困擾，並且具有系統頻寬大、干擾問題小、頻道容量（channel capacity）大的優點，因此，下一世代的行動衛星通訊系統將建置於 Ka 頻帶；同時為了考慮資料傳輸的延遲性問題，故以中／低軌道衛星系統為主。

　　第四代行動通訊系統主要提供傳輸速率為 155 Mbps 的高速資料傳輸和互動式多媒體服務內容。網路必須符合某些限制嚴格的服務品質參數，例如最大傳輸延遲或者是最少傳輸速率。行動衛星系統將會整合於未來地面上蜂巢式行動通訊系統，提供全球性的個人行動通訊服務。未來寬頻衛星系統技術上需要克服，行動衛星系統和地面上蜂巢式行動通訊系統之整合達到所需的服務品質需求。我們將在這個章節介紹未來高速行動衛星通訊系統，包括技術上的演進、規劃與挑戰。我們也將會討論通道編碼策略、調變、多工、服務品質參數的限制、行動性、資源管理和網際網路漫遊，以應用於下一世代行動衛星網路。

　　隨著第三代和第四代行動通訊的蓬勃發展，行動衛星通訊系統為一新興技術。這些技術包括：155 Mbps 的高速資料傳輸、多媒體通訊、無縫隙全球漫遊、服務品質參數管理、高的使用者容量和第四代系統的整合與相容。在這個章節我們也將介紹行動衛星系統和它們的應用以及行動衛星系統在第四代行動通訊中所扮演的角色。

第一節　實體層技術

　　下一世代行動衛星系統將會提供高速網際網路服務，提供使用者經由下鏈路傳輸方向下載多媒體資料，因此需要高的系統容量和高的傳輸速率。另一方面，由於上傳鏈路的系統容量需求較低以及傳輸速率較慢。主要是由於所傳輸的需求包含瀏覽網頁指令、e-mail訊息和使用者資訊，因此傳輸資料量較下傳鏈路小。下一世代衛星行動通訊系統需要整合其他地面網路去達到全域無縫隙通訊。隨著低軌道和中軌道衛星的興起以及達到高速資料傳輸的目的，精確的通道模型是需要去達到服務品質的預測，並且對不同多工、調變、通道編碼策略和多樣性技術進行系統效能的分析。下一世代衛星行動通訊系統的通道模型需要符合下列特徵：(i)通道可以精確的被估測；(ii)傳播統計特性模型；(iii)通道模型必須組合良好的天氣衰減現象、多路徑衰減現象和屏蔽效應；(iv)需要考慮不同通道狀態的改變，例如從通道具有屏蔽效應變化到通道不具有屏蔽效應；(v)通道模型和通道估測技術的選擇必須考量即時處理的計算複雜度和實現的過程。接下來我們將對下一世代衛星行動通訊系統的多工、調變、通道編碼技術和多樣性技術進行探討。

　　頻譜使用效率說明系統在一個配置的頻寬內傳輸資料量的能力；傳輸功率效率則描述系統進行可靠傳輸時的實際最小系統傳輸功耗。同時考慮頻譜使用效率和傳輸功率效率最佳化是一個相當難的任務。在這個任務中，我們將藉由不同的調變技術和不同的通道編碼技術來討論頻率使用效率和傳輸功率耗損這兩個參數。我們首先討論不同的調變技術，這些調變技術是使用在第三代系統，並且可能使用在第四代行動通訊系統。

　　第三代行動通訊系統使用 PSK 和 QAM 調變技術來達到高的頻率使用效率和高的傳輸功率效率。其中PSK調變技術同時使用於衛星模組。另一方面，

為了達到高的傳輸資料速率，多載波傳輸技術——正交分頻多工技術將會被使用在下一世代行動衛星通訊系統。BPSK 和 QPSK 調變技術是常使用於衛星鏈結，例如銥計畫和數位視訊廣播衛星系統。IS-95 和 CDMA2000 地面蜂巢式行動通訊系統則使用 BPSK/QPSK 和 OQPSk 調變技術運用於順向和逆向鏈結傳輸。EDGE 地面蜂巢式行動通訊系統則使用 8PSK 調變技術來增加傳輸資料速率。QAM 調變技術結合了 PAM 和 PSK 調變技術，藉由不同的振幅和相位，QAM 信號可以被產生。QAM 調變技術可能會被使用在下一世代行動衛星通訊系統來達到高的頻率使用效率和傳輸功率效率的目標。至於正交分頻多工技術是一個寬頻調變技術，設計來對抗多路徑傳輸現象。藉由並聯傳輸多個窄頻信號於一寬頻頻帶。具有高的頻率使用效率和資料傳輸速率的特徵。正交分頻多工技術目前使用於歐洲數位音訊廣播系統、xDSL、11g、11n 無線區域網路和 Wimax 系統。目前正交分頻多工技術是可能的多工調變技術使用在第四代行動通訊系統，就像可能使用於下一世代行動衛星多媒體通訊系統是一樣的。第四代行動通訊系統包含行動衛星通訊和地面蜂巢式行動通訊的部分，調變技術部分的挑戰可能來自於下鏈路衛星傳輸部分。M-QAM在實現複雜度和非線性通道效能的考量下是較有頻率使用效率的調變技術。因此，在衛星鏈結中高的頻率使用效率和傳輸功率效率是主要的考量。QAM 為第四代行動通訊系統所可能採用的調變技術。

接下來我們將要討論在第四代行動通訊系統所可能採用的通道編碼技術。通道編碼技術主要使用於增強傳輸鏈結的接收信號品質。在地面的蜂巢式行動通訊系統，通道編碼技術可以改善來自於多路徑干擾的信號失真；在行動衛星多媒體通訊系統，通道編碼技術可以改善來自於低訊號雜訊比的下鏈路衛星鏈結傳輸。一般來說，通道編碼技術會增加系統的傳輸功率效率但會降低系統的頻率使用效率。它是有興趣的去結合調變和通道編碼技術來同時增加系統的頻率使用效率和傳輸功率效率。目前常使用在行動通訊系統上的編碼技術包含有：漢明碼、BCH 碼、RS 碼和摺疊碼。另一方面，渦輪碼可能使用在第三代和第四代行動通訊系統。另外，TCM 調變通道編碼技術也是目前相當吸引人的技術之一。

在行動衛星多媒體通訊系統，多工技術是一個主要的關鍵技術，主要在提供地面上的使用者同時瞬間使用衛星。多工技術的演進則從分頻多工系統、分時多工系統、分碼進接多工系統到正交分頻多工系統；目前地面的行動多媒體通訊系統則主要使用分碼進接多工技術和正交分頻多工技術。因此多工機制目前正在討論著為了下一世代行動衛星多媒體通訊系統。寬頻分碼進接多工技術原理和分碼進接多工技術原理相近，其所以稱為「寬頻」，主要在於此多工技術應用於寬頻帶系統。在行動衛星多媒體通訊系統，每個行動使用者配置單一展頻碼當其於衛星進行註冊時。多個使用者在同一時間，使用相同傳輸頻帶進行通訊，衛星則依據展頻碼解析出使用者資訊。多路徑干擾現象在寬頻分碼進接多工系統中可以使用大的展頻因子進行消除。信號會展頻於大的頻帶。在下一世代行動衛星多媒體通訊系統中，多個衛星的信號可以被地面上寬頻分碼進接多工接收機藉由聲耙式接收機進行接收，可以改善接收信號的品質。正交分頻多工／分時多工技術結合了正交分頻多工和分時多工技術，並同時具有這兩個技術的優點。整個通道頻寬分成許多的子載波，在一個時間槽，使用者可以使用所有的子載波或部分的子載波傳輸位元串流。行動使用者的傳輸速率可以藉由時間槽的配置來進行調整。正交分頻多工／分時多工技術可以在非常低的系統複雜度下傳輸多個不同傳輸速率的通道。這個系統的優點在於可以即時使用不同的時間槽配置策略達到不同的傳輸速率。

使用低軌道衛星覆蓋地球提供廣域服務主要的問題在於低的仰視角的波束遮蔽。為了克服這個問題，衛星多樣性是被使用的。一個使用者可以同時接收多個衛星訊號，減少衛星訊號被遮蔽的機率。再則，衛星多樣性能夠提昇接收信號的品質。因此，在下一世代行動衛星多媒體通訊系統中，衛星多樣性扮演重要角色。圖 10.1 為衛星多樣性架構圖。使用聲耙式接收機所接收的多衛星

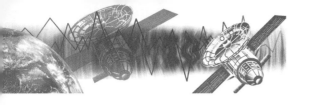

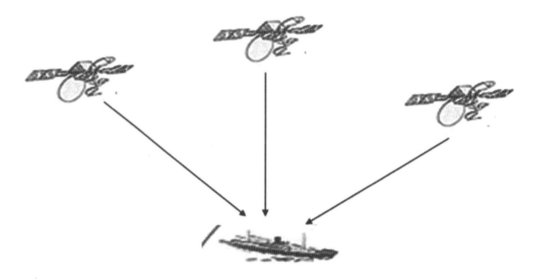

圖 10.1　衛星多樣性架構圖

信號，可以使用選擇性組合（selection combining, SC）、等增益組合（Equal Gain Combing, EGC）和最大比例組合（maximal ratio combining, MRC）的方式組合多個衛星訊號。

第二節　未來衛星系統：架構、服務品質參數、資源管理和跨階層設計（Cross-Layer design）

在之前的衛星服務僅能提供低速率的傳輸服務。在第四代的系統，發展朝向全球廣域訊息網路，提供互動式多媒體訊息服務，達到任何時間、任何地點和任何人均可上網的目標。行動衛星多媒體通訊系統整合第四代地面行動通訊網路，形成第四代行動多媒體通訊系統，使得行動通訊系統不再有地域上的限制，達到使用者不論在高山、海洋、沙漠、冰原、熱帶雨林或者是天上航空器；任何地點均能使用高速的個人行動互動式多媒體通訊服務。

系統設計的參數包括：衛星覆蓋率、系統成本、使用者服務和交通量

（traffic）需求。寬頻衛星網路架構中則包含有同步衛星、中軌道衛星和低軌道衛星或者是混合式系統。未來寬頻行動衛星系統將會使用多顆中軌道衛星或低軌道衛星進行建構。同步衛星的優點在於使用 3 顆同步衛星即可覆蓋整個地球，但是傳輸延遲相當地長，因此相較於低軌道衛星，具有長傳輸延遲的同步衛星並不適合應用於第四代互動式多媒體通訊服務。對於低軌道衛星的傳輸延遲約為 10ms，中軌道衛星為 80ms，同步衛星則為 270-280ms。導因於中軌道衛星和低軌道衛星的軌道較低，衛星移動的速度較快，地面的行動端交遞的速度較快，意即地面的使用者更換衛星（天空的基地臺）的週期較短。另一方面，中軌道衛星和低軌道衛星可藉由衛星和衛星間的直接通聯增加地表覆蓋率。數個行動衛星系統已經被發展，詳列於表 10.1，其中 Spaceway 衛星系統包括 16 顆同步衛星和 20 顆中軌道衛星，操作於 Ka 頻帶。Spaceway 衛星系統使用 QPSK 調變，上傳鏈路的資料速率為 16kbps 至 6 Mbps，下傳鏈路的資料速率高達 100 Mbps，系統總通訊容量為 4.4 Gbps。這個行動衛星系統提供高速資料、網際網路和多媒體傳輸服務。SkyBridge 衛星系統包括 80 顆低軌道衛星，操作於 10.7-14.5 GHz 的 Ku 頻帶，使用 8-PSK 調變，上傳／下傳鏈路的資料

表 10.1　寬頻行動衛星系統

System	Satellites	Frequency	Modulation and maximal Downlink Data rates	Access	Network	Capacity
Astrolik	9 GEO	Ka-band	QPSK 10.4 Mbps	FDMA TDMA	IP/ATM/ ISDN	6.5 Gbps
Cyberster	3 GEO	Ka-band	3 Mbps	FDMA TDMA	IP/ATM/ frame relsy	9.6 Gbps
spaceway	16 GBO 20 MEO	Ka-band	QPSK 100 Mbps	FDMA TDMA	IP/ATM/ frame relay	4.4 Gbps
skybidge	80 LEO	Ka-band	8-PSK 60 Mbps	FDMA TDMA CDMA	IP/ATM	4.5 Gbps

速率為 60 Mbps，可以提供超過 2 千萬的使用者同一時間使用。這個系統可以提供互動式多媒體服務、網際網路服務和其他高速率資料傳輸應用。早期的衛星系統主要使用 C 頻帶和 S 頻帶進行通訊，目前的行動衛星多媒體通訊系統則主要使用 K 頻帶和 Ku 頻帶進行通訊。使用較高的頻率設計行動衛星多媒體通訊系統，意謂手持式設備將會朝向輕薄短小的方向進行，其移動的速度將會愈來愈高。

衛星上的資料傳輸網路和即時多媒體傳輸網路，是我們有興趣討論的。衛星可以使用來提供地面上的使用者連接上網際網路或其他地面網路系統；也可以使用來當作網路的骨幹（trunk）。圖 10.2 顯示衛星和其他地面網路的連接情形。多媒體使用者或者是資料使用者藉由衛星鏈結、閘道器（Gateway）和網際網路或其他地面系統相連接。通訊衛星的優點在於通訊範圍廣大並且具有訊息廣播的能力，使得在覆蓋範圍的所有使用者可以同時獲得網際網路服務。

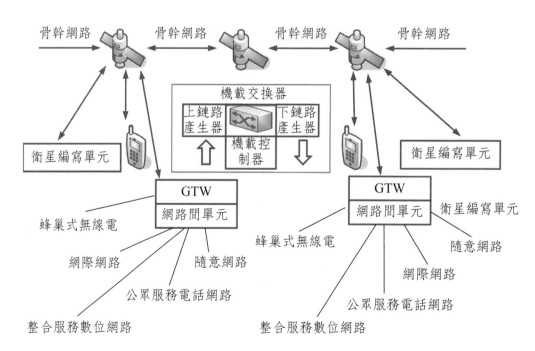

圖 10.2　衛星和地面系統連結情形

網路間單元（interworking units, IWUs）提供不同網路間的無縫隙漫遊；網路控制站（network control station, NCS）提供整個衛星網路的資源控制和路由操作。機載的衛星處理單元（onboard satellite processing units）去產生多工／解多工，通道編解碼和交換器（switch）。衛星編寫單元（satellite adaptation unit, SAU）去將使用者間的所有協定編寫至衛星系統。

服務品質參數的意涵在於不同的傳輸媒體具有不同的傳輸位元錯誤率限制和即時性傳輸需求。舉例而言，我們可以配置低的傳輸頻寬，例如 8kbps 於語音封包，但需即時性傳輸；我們可以配置高的傳輸頻寬，例如 128kbps 至 384kbps 於視訊封包，仍需即時性傳輸；另一方面，對於 e-mail，資料下載……等資料型態封包，對於即時性傳輸需求較低。對於傳輸位元錯誤率的服務品質參數，語音封包的傳輸位元錯誤率限制為 10^{-3}；視訊封包的傳輸位元錯誤率限制為 10^{-4}；資料型態封包的傳輸位元錯誤率限制為 10^{-5}。系統無線資源管理的意涵在於對於不同服務品質需求的媒體，配置不同的系統資源，例如傳輸頻寬去達到不同媒體的服務品質參數。第四代行動通訊系統正如同我們前面所介紹的，包括第四代地面行動通訊網路和下一世代行動衛星系統網路，以達到無縫隙全球漫遊的目的。就功能層面而言，第四代行動通訊網路將提供即時、高速資料傳輸和互動式多媒體通訊服務。這意謂著網路服務品質參數對於不同的傳輸位元錯誤率限制和即時性傳輸需求將會更加嚴格。

行動性管理主要在於使用者位置的更新。在地面蜂巢式行動通訊系統，網路是被區分成一些區域位置（location areas, LA）。一個區域位置包含一個至多個蜂巢。位置的更新產生於當使用者從一個區域位置進入另一個區域位置時。在下一世代行動衛星系統網路，行動性管理將是更複雜和更重要。這是由於非同步衛星以時速 2600 km 速度運行，相對於地面使用者而言，地面使用者需每隔 10 分鐘，更換服務衛星。

下一世代行動衛星多媒體通訊系統主要在於整合衛星鏈路資源達成具有服務品質需求的衛星網路。因此我們將使用交越層次設計（cross-layer design）達到衛星鏈路資源使用的最佳化。在交越層次設計，實體層和媒體截取控制層的訊息，是被網路層、傳輸層和應用層所分享，去提供更有效率的無線資源配置。考量OSI各階層的應用與設計，達到資料傳輸的最佳化，是目前衛星網際網路所有興趣的。早期的作法，應用層僅將訊息位元流封包化，實體層僅關注傳輸位元錯誤率和系統容量。若我們進行交越層次設計，則各階層狀態已知，綜合各階層資訊，聯合調整各階層函數，改善衛星網路效能。圖 10.3 即為交越層次設計最佳化架構圖。

行動通訊產業目前正蓬勃發展，以無縫隙全球漫遊為概念所發展的下一世代行動衛星多媒體通訊系統正陸續在探討。在不久的將來，海洋、山區、偏遠地區、叢林、沙漠等地區及天空上的航空器使用個人行動衛星多媒體通訊系統進行互動式多媒體服務的時代將會來臨。在這個章節，我們簡介高速個人行動衛星系統的設計理念，包含調變、通道編碼、多工、傳輸多樣性、網路資源管理、行動性管理和交越層次設計。最後，我們再次強調，下一世代行動衛星多媒體通訊系統搭配第四代地面蜂巢式通訊系統，才能形成完整的第四代個人行動通訊服務。

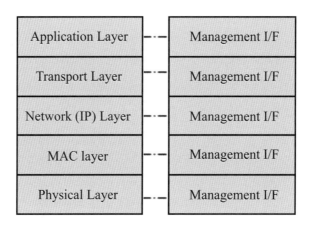

圖 10.3　交越層次設計最佳化架構圖

參考文獻

[1] Ray E. Sheriff and Y. Fun Hu, *Mobile Satellite Communication networks*, John Wiley & Sons, LTD, 2001.

[2] Mohamed Ibnkahla, *et. al.*, "High-Speed Satellite Mobile Communications: Technologies and Challenges," *Proceedings of IEEE*, vol.92, No.2, pp.312~339, 2004.

[3] John Farserotu and Ramjee Prasad, *IP/ATM Mobile Satellite Networks*, Artech House, 2002.

[4] Timothy Pratt, Charles Bostian and Jeremy Allnutt, *Satellite Communications*, John Wiley & Sons, 2003.

[5] A. Jamalipour, *Mobile Satellite Communications*, Norwood, MA: Arctech House, 1998.

[6] C. Caini and G. E. Corazza, "Satellite diversity in Mobile satellite CDMA systems," *IEEE J. Select. Areas Commun.*, vol.19, pp.1324-1333, July 2001.

[7] A. Papathanassiou *et al.*,"A comparison study of the uplink performance of W-CDMA and OFDM for mobile multimedia communication via LEO satellites," *IEEE Pers. Commun.*, vol.8, pp.35-43, June 2001.

[8] C. Parj and T. J. Jeong, "Complex-bilinear recurrent neural network for equalization of a digital satellite channel," *IEEE Trans. Neural Networks*, vol.13, pp.711-725, May, 2002.

[9] J. G. Proakis, *Digital Communications*, 3rd ed. New York: Mc-Graw-Hill, 1995.

[10] E. Costa and S. Puoilin, "M-QAM OFdM system performance in the presence of a nonlinear amplifier and phase noise," *IEEE Trans. Commun.*, vol.50, pp. 462-472, 2002.

[11] M. S. Rafie and K. S. Shanmugan, "Comparative performance analysis of M-CPSK and M-QAM over nonlinear satellite links," in *Proc. GLOBECOM Conf.*, vol.2, pp.1295-1302, 1989.

[12] A. Burr, *Modulation and Coding for Wireless Communications*. Englewood Cliffs, NJ: Prentice-Hall, 2001.

[13] U. Vilaipornsawai and M. R. Soleymani, "Trellis-based iterative decoding of block codes for satellite ATM," *IEEE ICC*, vol.5, pp.2947-2951, 2002.

[14] S. Vishwanath and A. Goldsmith, "Adaptive turbo coded modulation for flat fding channels," *IEEE Trans. Commun.*, vol. 51, pp.964-972, june 2003.

[15] H. Holma and A. Toskala, Eds., *WCDMA for UMTS:Radio Access for Third Generation Mobile Communications*, New York: Wiley, 2001.

[16] A. J. Viterbi, *CDMA——Principles of Spread Spectrum Communications*, Addison-Wesley, 1995.

[17] J. V. Evans, "Satellite systems for personal communications," *Proc. IEEE*, vol. 86, pp. 1325-1341, July 1998.

[18] J. Viterbi et. al., "Soft handoff extends CDMA cell coverage and increase reverse link capacity," *IEEE J. Select. Areas Commun.*, vol. 12, pp. 1281-1288, Oct. 1994.

[19] R. V. Nee and R. Prasad, *OFDM Wireless Personal Communications*, New York: Artech House, 1999.

[20] L. Mucchi et al., "Space-time MMSE reception for multi-satellite environment," presented at the Fall VTC, Orlando, FL, 2003.

[21] D. Boudreau et al., "Wideband CDMA for the UMTS/IMT-2000 Satellite Componment," *IEEE Trans. Veh. Technol.*, vol.51, pp. 306-331, Mar., 2002.

[22] Y. Karasawa, K. Kimura, and K. Minanmisono, "Analysis of availability improvement in LMSSby means of satellite diversity based on three state propagation channel model," *IEEE Trans. Veh. Technol.* Vol.46, pp. 1047-1056, Nov. ,1997.

[23] S. Ohnori, Y. Yamao, and N. Nakajima, "The future generations of mobile communications based on broadband access technologies," *IEEE Commun.* Mag., vol.38, pp. 134-142, Dec, 2000.

[24] J. Farserotu and R. Prasad, "A survey of future broadband multimedia satellite systems, issues, and trends," *IEEE Commun.* Mag., vol.38, pp.128-133, June 2000.

[25] A. Jamalipour, "Broad-band satellite networks——The global IT bridge," *Proc. IEEE*, vol. 89, pp.88-104, Jan, 2001.

[26] Lockheed-Martin. Astrolink, http://www.astrolink.com

[27] Loral Cyberstar, http://www.cyberstar.com

[28] Hughes Spaceway, http://www.hns.com-/spaceway

[29] http://www.skybridgesatellite.com

[30] T. E. Mangir, "The future of public satellite communications," in Proc. IEEE Aerospace Application Conf., vol.1, pp.393-410, 2000.

[31] W. Liang and Z. Nai-tong, "Meta-cell movement-base location management in LEO networks," in *Proc. IEEE TENCON*, pp.1213-1216, 2002.

[32] E. Kristiansen and R. Donadio," Multimedia over satellite——The European space agency perspective," *in Proc. IEEE Int. Conf. Communications*, vol.5, pp.3004-3009, 2002.

[33] G. Fairhurst, N. K. G. Samaraweera, M. Sooriyabandara, H. Harun, K. Hodson, and R. Donadio, "Performance issues in asymmetric TCP service provision using broadband satellite," *IEE Proc. Commun*, vol. 148, no.2, pp.95-99, Apr., 2001.

國家圖書館出版品預行編目資料

行動衛星通訊／林進豐著. 一初版.一臺北市：
五南，2007.12
　面；　公分.
　含參考書目
ISBN　978-957-11-5006-2（平裝）
1.衛星通訊
448.79　　　　　　　　　　96020839

5D99

行動衛星通訊

作　　　者 — 林進豐(134.4)

發 行 人 — 楊榮川

總 經 理 — 楊士清

主　　　編 — 王者香

責任編輯 — 許子萱

文字編輯 — 李敏華

封面設計 — 簡愷立

出 版 者 — 五南圖書出版股份有限公司

地　　　址：106 台北市大安區和平東路二段 339 號 4 樓

電　　　話：(02)2705-5066　傳　　真：(02)2706-6100

網　　　址：http://www.wunan.com.tw

電子郵件：wunan@wunan.com.tw

劃撥帳號：01068953

戶　　　名：五南圖書出版股份有限公司

法律顧問　林勝安律師事務所　林勝安律師

出版日期　2007 年 12 月初版一刷
　　　　　2018 年 2 月初版二刷

定　　　價　新臺幣 380 元